中國美術分類全集

中國建築藝術全集 17

皇家園林

中國建築藝術全集編輯委員會 編

《中國建築藝術全集》編輯委員會

本卷主編

周維權　清華大學教授

樓慶西　清華大學教授

攝影

樓慶西

凡例

一 《中國建築藝術全集》共二十四卷，按建築類別、年代和地區編排，力求全面展示中國古代建築藝術的成就。

二 本書為《中國建築藝術全集》第十七卷皇家園林。

三 本書圖版按北海、紫禁城御花園及寧壽宮花園、承德避暑山莊、靜宜園、圓明園、頤和園的次序編排，詳盡展示了皇家園林建築藝術的傑出成就。

四 卷首載有論文《皇家園林概述》，概要論述了皇家園林的發展歷史以及避暑山莊、圓明園、頤和園等三座大型離宮御苑的園林建築藝術特色。在其後的圖版部份精選了二百一十幅園林建築照片。在最後的圖版說明中對每幅照片均做了簡要的文字說明。

目錄

論文

圖版

北海

紫禁城御花園及寧壽宮花園

圖版説明

皇家園林概述

在世界上獨樹一幟的中國古典園林本於自然，外師造化，精煉而典型地再現自然界山水風景之美；同時又高於自然，中得心源，講究詩畫的情趣和意境的涵蘊，力求自然美與建築美的融糅諧調，體現了一種『天人諧和』的哲理。它歷經數千年的持續發展而達到了極高的藝術水準，成長為一個源遠流長、博大精深的風景式園林體系。這個園林體系包含著許多類型，其中的主要類型有三個：皇家園林、私家園林、寺觀園林，也就是古代中國造園活動的三大主流。

皇家園林為皇帝個人所私有，古籍裏面稱之為苑、宮苑、苑囿、御苑、御園、離宮別館等的，大抵都可以歸入這個類型。

中國古代的皇帝號稱天子，奉天承運，代表上天來統治寰宇。他的地位至高無上，是人間的最高統治者，所謂『普天之下莫非王土，率土之濱莫非王臣』。嚴密的封建禮法和森嚴的封建等級構築成一個統治權力的金字塔，皇帝居於這個金字塔的頂峰。皇權是絕對尊嚴的權威，因而凡屬與皇帝有直接關係的營建，如宮殿、壇廟、陵寢、園林乃至都城，莫不利用它們的形象和佈局作為一種象徵性的藝術手段，通過人們審美活動中的聯想意識來表現天人感應和皇權至尊的觀念，從而達到鞏固帝王統治地位的目的。這種情況隨著封建制度的發展而日益成熟、嚴謹。皇家園林儘管是摹擬山水風景的，也要在不悖於風景式造景原則的情況下或多或少地顯示其皇家的氣派。同時，又不斷地向民間的私家園林汲取養份，從而豐富皇家園林的內容，提高宮廷造園的技術和藝術水平。再者，皇帝能夠利用其政治上的特權和經濟上的富厚財力，佔據大片土地營造園林供一己享用，無論人工山水園或者天然山水園，其規模之大、耗資之巨者，就遠非私家園林以及其他園林類型所可比擬。歷史上的每一個朝代幾乎都有皇家園林的建置，它們不僅是龐大的藝術創作，也是一項殫費民力的土木工事。因此，其數量的多寡、規模的大小，往往能夠在一定程度上反映出一個朝代國力的盛衰。皇家園林有『大內御苑』、『行宮御苑』和『離宮御苑』之分。大內御苑建置在首都的皇城或宮城之內，個別的也有建置在皇城以外、都城以內的。行宮御苑和離宮御苑建置在首都的近郊、遠郊的風景地帶，前者供皇帝偶一遊憩或短期駐蹕之用，後者則作為皇帝長期居住、處理朝政的地方，相當於一處與大內相聯係著的政治中心。此外，在皇帝出巡外地需要經常駐蹕的地方，也視其駐蹕時間的長短而建置離宮御苑或行宮御苑。

一、歷史的簡要回顧

皇家園林作為一個園林類型，是在奴隸社會解體、進入封建社會並隨著皇帝集權政治的確立而出現的。早在殷末周初，周文王營造靈臺、靈囿、靈沼，殷紂王營造沙丘苑臺，可視為皇家園林的濫觴。但真正意義上的皇家園林，則要到秦始皇統一全國，建立中央集權的封建大帝國時，纔得以形成。

公元前二二一年，秦始皇滅六國，天子上尊號曰皇帝，在統一的全國範圍內廢釆邑、置郡縣，政令出自中央。同時，開始大量興建宮苑。根據文獻記載，在秦王朝短短的十二年中，僅都城咸陽附近就建置了二百餘處。《歷代宅京記》描寫其為：

> 咸陽北至九嵕、甘泉，南至鄠、杜，東至河，西至汧、渭之交。東西八百里，南北四百里，離宮別館，彌山跨谷，輦道相屬。木衣綈繡，土被朱紫。宮人不移，樂不改懸，窮年忘歸，猶不能遍。

這衆多宮苑之中的一部份，便是在中國歷史上首次出現的皇家園林，而其中規模最大、也是最著名的，當推咸陽以南、渭河南岸的上林苑。

秦始皇經營上林苑，以阿房宮為中心，衆多的宮殿建築散佈在遼闊的地段內，絕大多數都用『復道』聯係起來。南抵終南山，北接咸陽城，東到驪山，幾乎全可以不經過露天而通達，氣魄之大無與倫比。杜牧《阿房宮賦》形容其為『覆壓三百餘里，隔離天日……長橋卧波，未云何龍。復道行空，不霽何虹。』

西漢王朝建立之初，秦的舊都已被項羽焚毀，乃於咸陽東南、渭水南岸另營新都長安。到漢武帝在位的時候（公元前一四〇年至前八七年），小農地主經濟空前發展，中央集權的大一統局面空前鞏固。『成人倫、助教化』的先秦儒學與五行、讖緯之說相融合而成的漢代儒學，形成儒、道互補的情況。經濟、政治、意識形態的相對平衡維繫著封建大帝國的強盛和穩定。泱泱大國的氣派、儒道互補的意識形態必定會影響及於文化藝術的諸方面，園林當然也不例外。再加之當時的繁榮經濟、強大國力以及漢武帝本人的好大喜功，皇家造園活動遂達到空前興盛的局面。

西漢皇家園林遍佈長安城內、近郊、遠郊、關中以及關隴各地，正如班固《西都賦》所描寫的：『前乘秦嶺，後越九嵕，東薄河華，西涉岐雍，宮館所歷，百有餘區。』其中大部份建成於漢武帝在位時期（圖一），而比較有代表性的則是『上林苑』和『建章宮』。

武帝建元三年（公元前一三八年），就秦代上林苑加以擴大、擴建，圈入關中的大片土地，包括膏腴良田在內。西漢上林苑十分遼闊，它的範圍，據《三輔黃圖》：『東南至藍田、宜春、鼎湖、御宿、昆吾，傍南山而西，至長楊、五柞，北繞黃山，瀕渭水而東』。按現在的地理區劃，它南達終南山、北沿九嵕山和渭河南岸，地跨西安市和咸寧、周至、户縣、藍田四縣的縣境，佔地之廣可謂空前絕後，乃是中國歷史上最大的一座皇家園林。

上林苑的外圍是終南山北坡和九嵕山南坡，關中的八條大河，即所謂『關中八水』，貫穿於苑內遼闊的平原、丘陵之上。自然景觀極其恢宏、壯麗，司馬相如《上林賦》這樣描寫：

> 始終灞滻，出入涇渭。酆、鄗、潦、潏，紆餘委蛇，經營乎其內。蕩蕩乎八川分流，相背而異態……。於是乎崇山矗矗，巃　崔嵬。深林鉅木，嶄岩嵾嵳。九嵕巀嶭，南山峨峨。

灞、滻、涇、渭、酆、鄗、潦、潏即『關中八水』，此外還有天然湖泊十處。人工開鑿的湖泊也不少，一般都利用挖湖的土方在其旁或其中堆築高臺，除了供遊賞之外還兼作其他的用途。

昆明池是苑內最大的一個人工湖，為訓練水軍的基地，也兼作水上遊覽、養魚之用。池中『刻石為鯨魚，長三丈，每至雷雨，常鳴吼，鬣尾皆動』〔注一〕，『池中有二石人，立牽牛織女於池之東西以象天河』〔注二〕，則還有著摹擬天象的寓意。上林苑地域遼闊、地形複雜，天然植被當然是極為豐富的。此外，另由人工栽植大量的觀賞樹木、果樹

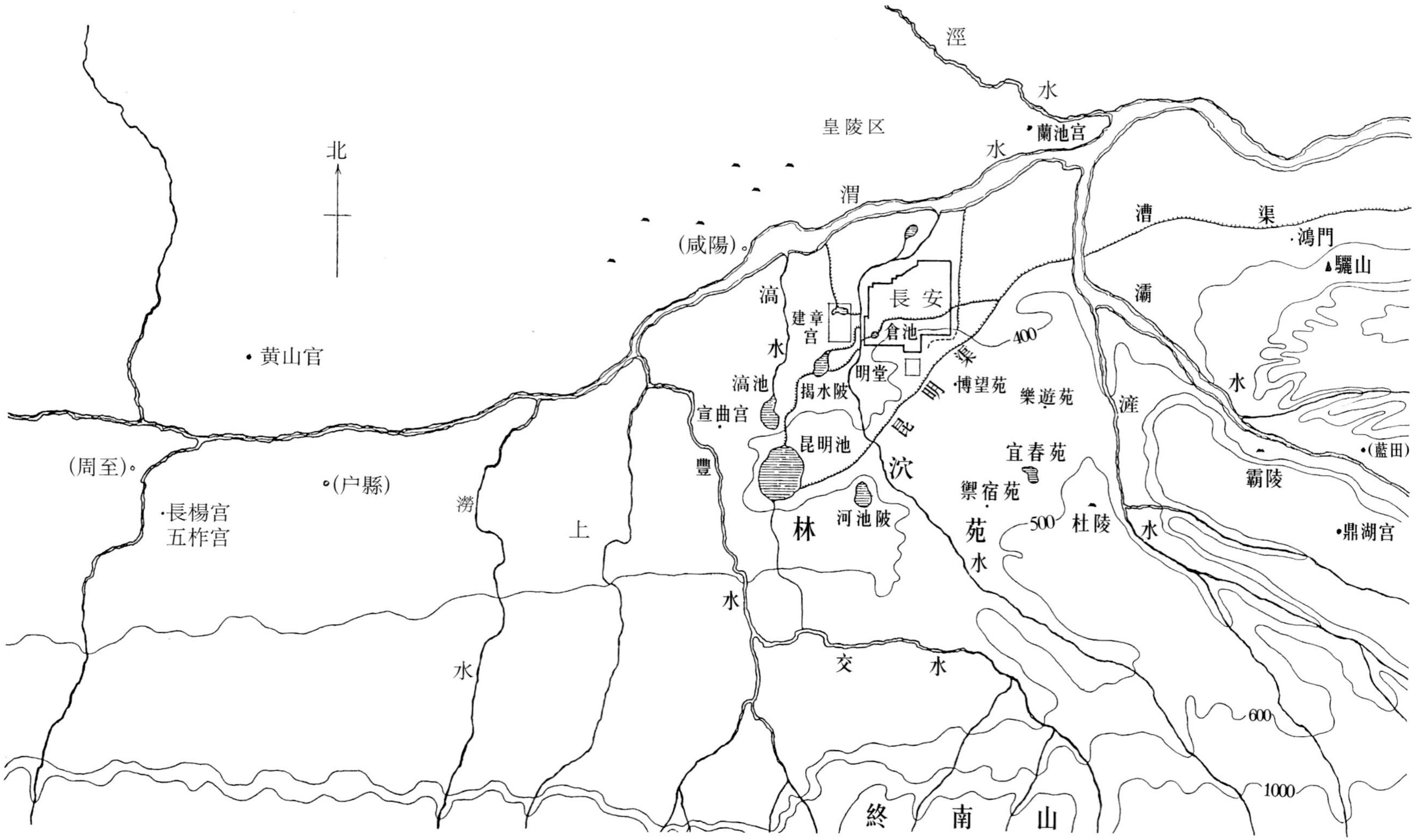

圖一　西漢長安及其附近主要宮苑分佈圖

和少量藥用植物。司馬相如在《上林賦》中這樣描寫：

於是乎盧橘夏熟，黃甘橙榛，枇杷橪柿，亭奈厚朴，梬棗楊梅，櫻桃蒲陶，隱夫薁棣，答遝離支，遝乎后宮，列乎北園。馳丘陵，下平原，揚翠葉，杌紫莖，發紅華，垂朱榮，煌煌扈扈，照曜鉅野。

《西京雜記》提到武帝初修上林苑時，群臣遠方進貢的樹木花草就有二千餘種之多，並具體地記載了其中的九十八種的名稱。它們都集中栽植成林、成片，或為生產的需要，或為造景的需要，此外還栽培許多花卉和水生植物，上林苑無異於一座大植物園。其中不少是由南方移栽的品種，足見當時關中氣候比現在溫和濕潤。有的品種來自西域，如安石榴。有的品種如槐，守宮槐等至今仍為關中的鄉土樹種。苑內有多處皇室專用的狩獵場，豢養百獸放逐各處，『天子秋冬射獵取之』。當時的茂陵富人袁廣漢獲罪被查抄家產，他的龐大的私園內頗多珍貴鳥獸，皆悉數移入苑中。因此，上林苑既有大量的一般動物，還有不少珍禽奇獸，如白鸚鵡、紫鴛鴦、氂牛、青兕之類，以及外國的動物如九真之麟、大宛之馬、黃支之犀、條支之鳥等，上林苑則又相當於一座大型動物園。

上林苑內的建築物有宮、苑、臺、觀四類，一般均組合為群組的形式。『宮』即宮殿建築群，《長安誌》引《關中記》所載上林苑範圍內的宮殿建築群共計十二處，以建章宮的規模最大，屬朝宮的性質。其餘大多數則是作為特殊用途，或進行某種特殊活動的建築群。例如：犬臺宮，顧名思義當是觀看跑狗的場所；扶荔宮相當於溫室植物園，栽培自南方引進的荔枝、檳榔、橄欖等珍希植物；宣曲宮相當於音樂演奏廳；長楊宮本秦之離宮，有垂楊數畝，秋冬校獵時，皇帝到此觀看。『苑』即園林，據《長安誌》引《關中記》：『上林苑門十二，中有苑三十六』，也就是三十六處園林。其中的一部份是保留下來的秦代舊苑，大部份是武帝時期及以後陸續興建的，一般都建置在風景優美的地段作為遊憩的場所。例如：宜春下苑，內有曲江池，『其水曲折有似廣陵之江，故名之』〔注三〕，原為秦代宜春苑舊址。樂遊苑，在樂遊原上，苑內『自生玫瑰樹，樹下多苜蓿，……茂陵人謂之連枝草』〔注四〕。也有一些苑是作為特殊的使用，例如：御宿苑，為武帝到上林苑狩獵遊玩時居住的行宮，閑雜人等不得隨便進入；思賢苑和博望苑是皇太子的迎賓館，據《三輔黃圖》：『孝文帝為太子立思賢苑，以招賓客。苑中有堂室六所，客館皆廣廡高軒，屏風幃褥甚麗』，『武帝年二十九乃得太子，甚喜。太子冠，為立博望苑，使之通賓客從其所好』。『臺』即高臺，有的是利用挖池的土方堆築而成，一般作為登高觀景之用，或者專為通神明、查符瑞、候災變的，如神明臺『高五十丈，上有九室，恆置九天道士百人』

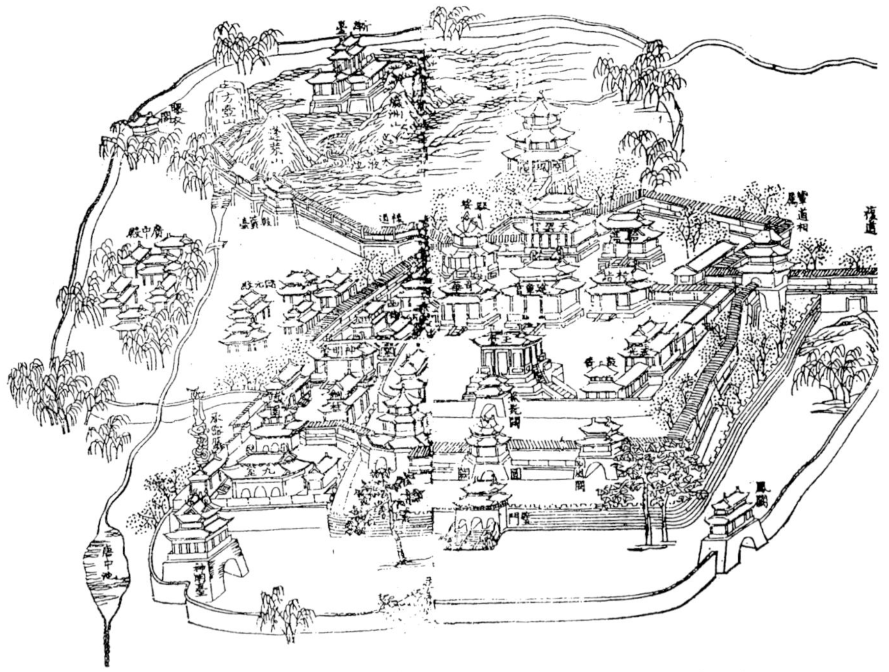

圖二　建章宮圖（摹自《陝西通誌》）

〔注五〕；有的臺則是利用木材堆疊而成，所謂『積木為樓』，謂之井干樓。『觀』也叫做『館』，是漢代對體量比較高大的非宮殿建築物的通稱。《三輔黃圖》記載了上林苑內二十一觀的名字，從它們的命名也可以看出其功能和用途，例如：平樂觀為角抵表演場，《漢書・武帝紀》有元封六年『夏，京師民觀角抵於上林平樂館』的記載，走馬觀為表演馬術的場所，觀象觀相當於天文臺，繭觀是養繭、觀繭的地方，等等。上林苑內設作坊多處，調集工匠製造各種工藝品和日用器物如銅器、草蓆等，設果園、蔬圃、養魚場、牲畜圈、馬厩，供應宮廷和皇室的需要。宮廷物資的消費量是十分鉅大的，這些生產機構的規模和佔地亦必然不小。苑內的所有池沼幾乎都養殖水生植物和魚鱉之類以『御賓客、充庖厨』。蒯池生長的蒯草是編織草蓆的上好材料。漢代人席地而坐，房屋的地面上都要鋪蓆子，宮廷的房屋成千上萬，所需草蓆均由上林苑供應。上林苑還有許多礦藏，如鼎湖宮附近的銅礦，從開採、冶煉直到鑄造器物都在苑內進行。衆多行業的生產運作都匯聚在苑內，還有生產糧食作物的大量農田，上林苑又類似於一座龐大的『皇家莊園』。此外，作為皇家的主要狩獵場，自然需要遼闊的原野、山林以供馳騁。那麼，上林苑的範圍為何如此之廣，規模為何如此之大，也就不難理解了。

總的看來，西漢上林苑是一個範圍極其遼闊的天然山水環境，各種建築物或建築群疏朗地散佈其間。它又是一座多功能的園林，具備了早期皇家園林的全部功能——狩獵、通神、求仙、生產、遊憩、居住、娛樂、軍事訓練等。漢武帝在位的後期，對外戰爭頻仍、軍餉不敷，乃將上林苑之部份土地佃予貧民耕種、養鹿、放牧，所得賦税充作軍餉。此後，畢竟由於園林的範圍太大，難於嚴格管理，逐漸有百姓入苑任意墾田開荒。到西漢末年，苑內大部份可耕土地已恢復膏腴良田，上林苑作為皇家園林已是名存實亡了。

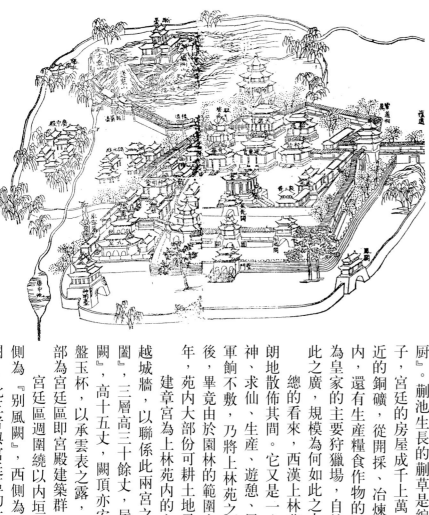

建章宮為上林苑內的主要的十二宮之一，位於未央宮之西的長安城外，建『飛閣』跨越城牆，以聯係此兩宮之間的交通。建章宮的外圍宮牆週長三十里，南牆設正門『閶闔』，三層高三十餘丈，屋頂安銅鑄鳳凰，下有樞機，可隨風向轉動。正門的東側為『鳳闕』，高十五丈，闕頂亦安銅鑄鳳凰；西側為神明臺，『上有承露盤，有銅仙人舒掌捧銅盤玉杯，以承雲表之露，以露和玉屑服之，以求仙道』。宮牆之內分為南、北兩部份，南部為宮廷區即宮殿建築群，西北部為苑林區即園林，粗具前宮後苑的格局。

宮廷區週圍繞以內垣，南垣設正門『圓闕』，高二十五丈，上有銅鑄鳳凰。正門的東側為『別風闕』，西側為『井干樓』。圓闕南面正對閶闔門，北面二百步為二門『嶕嶢闕』，此三者與宮廷區的主要建築物『前殿』正好形成一條南北中軸線。前殿建在高臺之上，與未央宮的前殿遥遥相對。宮廷區内共有二十六座單體殿宇和六組殿宇建築群，其西為虎圈，内有唐中池（圖二）。

苑林區内開鑿大池，名叫太液池。『太液者，言其津潤所及廣也』。刻石為鯨魚，長三丈。漢武帝迷信神仙方術，在太液池中堆築三個島嶼，象徵神話傳説中的東海的瀛洲、蓬萊、方丈三仙山。利用挖池的土方分别在池的西北面堆疊『涼風臺』，臺上建觀，在池中築『漸臺』，高二十餘丈。太液池岸邊種植雕胡、紫萚、綠節之類的植物，鳧雛、雁子佈滿其間，又多紫龜、綠鱉。池邊多平沙，沙上鵜鶘、鷓鴣、鵁鶄、鴻鶂動輒成群。池中種植荷花、菱茭等水生植物。水上有各種形式的遊船：雲舟、鳴鶴舟、容已舟、清曠舟、採菱舟、越女舟。雲舟用沙棠木制造，以雲母飾于鷁首。越女舟摹倣江南婦女採蓮的小船。

建章宮的前宮後苑具有明確中軸線的嚴整格局，為後世大内御苑規划的濫觴，它的苑林區是歷史上第一座具有完整的三仙山的仙苑式皇家園林。『一池三山』從此以後遂成為歷來皇家園林造景的主要模式，一直沿襲到清代。

秦、西漢的皇家園林是當時造園活動的主流，除了供遊賞之外，還有通神、求仙、狩獵、生産等多種功能。無論天然山水園或者人工山水園，建築物衹是簡單地散佈、鋪陳、羅列在自然環境中。建築作為一個造園要素，與其他自然三要素——山、水、植物——之間似乎並無密切的有機關係。因此，園林的總體規劃尚比較粗放，談不上多少設計經營。當時，由於原始的山川崇拜、帝王的封禪活動，再加上神仙思想的影響，大自然在人們的心目中尚保持著一種濃重的神秘性。儒家的『君子比德』之説，又導致人們從倫理、功利的角度來認識自然。對於大自然山水風景，尚未構建完全自覺的審美意識。所以，園林雖本於自然卻未必高於自然，宮苑佈局出於法天象、倣仙境的目的，有的還兼具皇家莊園和皇家獵場的性質。帝王之經營苑囿似乎把自己的力量已展現到了狂熱的程度，因而其規模之宏大令人瞠目結舌。築台登高、極目環眺所看到的也都是大幅度、遠視距粗獷景觀，但在園林裏面所進行的審美的經營畢竟尚處在低級的水平上，造園活動並未完全達到藝術創作的境地。

東漢建都洛陽，皇家園林不如西漢之多，規模遠較西漢為小，但園林的遊憩功能已上昇到主要地位。造園比較注重規劃設計，更多地作為一種藝術創作來經營。

公元三世紀到六世紀的魏晉南北朝是中國歷史上的一個大動亂時期，也是思想十分活躍的時期。儒、道、佛、玄諸家爭鳴，彼此闡發。思想的解放促進了藝術領域的開拓，也給予園林以很大的影響，造園活動逐漸普及於民間而且完全昇華到藝術創作的境界。所以説，這個時期乃是中國古典園林發展史上的一個承先啟後的轉折期。文人士大夫受到政治動亂和佛、道出世思想的影響，大都崇尚玄談、寄情山水、遊山玩水成為一時之風尚。謳歌自然風景的詩文湧現於文壇，山水畫也開始萌芽。這都意味著人們對自然美的更深刻的認識，對自然風景內在規律的揭示和探索，也必然給予造園活動以新鮮的刺激，促進了風景式園林向更高的水平上發展。這時候，民間的私家園林和寺觀園林異軍突起，它們與皇家園林共同形成三大園林類型鼎峙的局面，奠定了以後的此三者並行發展的基礎。

皇家園林繼承上代傳統，園林的規劃設計趨於精密細緻，除了遊憩之外，其他的功能均已消失或僅具象徵意義。當時，三國、兩晉政權，由漢族及五個少數民族相繼建立的南北朝十六國政權，都在各自的首都進行宮苑建設，其中建都比較集中的三個城市有關皇家園林的文獻記載也較多：北方的鄴城、洛陽，南方的建康。這三個地方的皇家園林大抵都經歷了若干朝代的踵事增華，造園的技藝達到了這一時期的最高水平，也具有一定的典型意義。

鄴城皇家園林的繁榮始於後趙，後趙石虎在連年戰亂、民不聊生的情況下，大量修建御苑，其中規模最大者為華林園。據《鄴中記》記載：華林園內開鑿大池『天泉池』，引漳水作為水源，再與宮城的御溝聯通成完整的水系。每年三月上巳，石虎及皇后百官臨水宴遊。園內栽植大量果樹，多有名貴品種如春李、西王母棗、羊角棗、勾鼻桃、安石榴等。為了掠奪民間果樹移栽園內，特製一種『蛤蟆車』，『箱闊一丈，深一丈四，摶掘根面去一丈，合土載之，植之無不生』。文中雖沒有提到假山，但既然役使十餘萬人，開鑿大池，則利用土方堆築土山完全是可能的。之後，北齊高緯擴建華林園，改名仙都苑。這座皇家園林的規模更大，內容更豐富了。據《歷代宅京記》：仙都苑週圍數十里，苑牆設三門、四觀。苑中封土堆築為五座山，象徵五岳。五岳之間，引來漳河之水分流四瀆為四海——東海、南海、西海、北海，匯為大池，又叫做大海。這個水系通行舟船的水程長達二十五里。大海之中有連璧洲、杜若洲、靡蕪島、三休山，還有萬歲樓建在水中央。中岳之北有平頭山，山的東、西側為輕雲樓、架雲廊。中岳之南有峨嵋山，東有鸚鵡樓，西為鴛鴦樓。北岳之南有玄武樓，樓北為九曲山，『山下有金花池，池西有三松嶺。次南有凌雲城』，西有陛道名叫通天壇。大海之北有七盤山及若干殿宇，正殿為飛鸞殿十六間。北海之中建密作堂，這是一座用大船漂浮在水面上的多層建築物。北海附近還有兩處特殊的建築群：一處是城堡，高緯命高陽王思宗為城主據守，高緯親率宦官、衛士鼓噪攻城以取

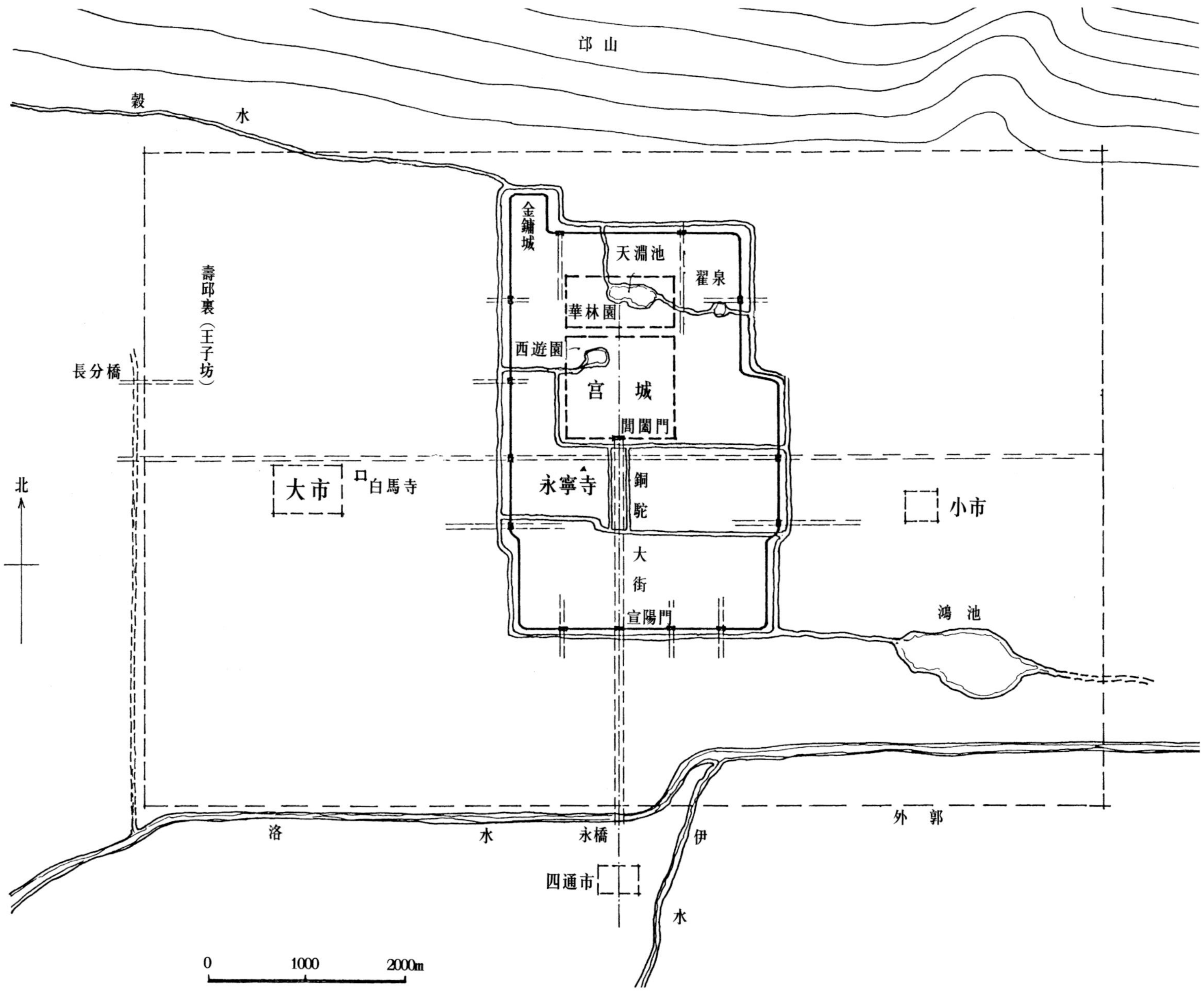
邙山
穀
水
金鏞城
天淵池
翟泉
華林園
西遊園
宮
城
閶闔門
永寧寺
銅
駝
大
街
宣陽門
壽邱裏（王子坊）
長分橋
大市
白馬寺
小市
鴻池
洛
水
永橋
伊
水
外郭
四通市
北
0
1000
2000m

圖三　北魏洛陽平面圖

樂；另一處是『貧兒村』，倣效城市貧民居住區的景觀，高緯與后妃宮監裝扮成店主、店伙、顧客，往來交易三日而罷。其餘樓臺亭榭之點綴，則不計其數。仙都苑不僅規模宏大，總體佈局之象徵五岳、四海、四瀆乃是繼秦漢仙苑式皇家園林之後的象徵手法的發展。各種建築物從它們的名稱看來，形象相當豐富：貧兒村摹倣民間的村肆，密作堂宛若水上飄浮的廳堂，城堡類似園中的城池。這些，在皇家園林的歷史上都具有一定的開創性意義。

洛陽為東漢、曹魏之舊都，北魏自平城遷都洛陽之後統一北方。為了適應首都經濟發達、文化繁榮、人口增加的要求，也為了強化北魏王朝對北方的統治，乃由政府製定新洛陽的規劃方案，開始了大規模的改造、擴建工程（圖三）。北魏洛陽在中國城市建設史上具有劃時代的意義，它包括宮城、內域、外廓三部份，功能分區明確。自南而北，由幹道——衙署——宮城——御苑構成城市的中軸線，是皇居之所在，為政治活動的中心。它利用建築群的佈局和體型變化形成一個具有強烈節奏感的完整的空間序列，以此來突出封建皇權的至高無上的象徵。御苑『華林園』毗鄰於宮城之北，既便於帝王遊賞，也具有軍事防衛上『退足以守』的用意。這個城市完全成熟了的中軸線規劃體制，奠定了中國封建時代都城規劃的基礎，確立了此後的皇都格局的模式。

華林園是洛陽的主要皇家園林之一，利用原曹魏華林園的大部份基址改建而成。關於此園情況，《洛陽伽藍記》有詳細記載：

> 『（翟）泉西有華林園……。華林園中有大海，即魏天淵池，池中猶有文帝九華臺。高祖於臺上造清涼殿，世宗在海內作蓬萊山，山上有仙人館，上有釣魚殿，並作虹霓閣，乘虛來往。至於三月禊日、季秋巳辰，皇帝駕龍舟鷁首，遊於其上。海西有藏冰室，六月出冰以給百官。海西南有景陽殿，山東有羲和嶺，嶺上有溫風室；山西有姮娥峰，峰上有露寒館，並飛閣相通，凌山跨谷。山北有玄武池，山南有清暑殿，殿東有臨澗亭，殿西有臨危臺。景陽山南有百果園，果列作林，林各有堂……。永安中年，莊帝習馬射於華林園……。柰林西有都堂，有流觴池，堂東有扶桑海。凡此諸海，皆有石竇流於地下，西通穀水，東連陽渠，亦與翟泉相連。』

可以想見，這座園林的地貌規劃，已不再像上代園林那樣對自然界的單純摹倣而多少具有典型地再現自然山水風致的立意了。

建康即今南京，為東吳、東晉、南朝建都之地，東吳時已開拓城北郊的天然湖泊玄武湖。南朝的皇家園林多半集中建置在湖山輝映、自然條件十分優越的玄武湖的北、東、南

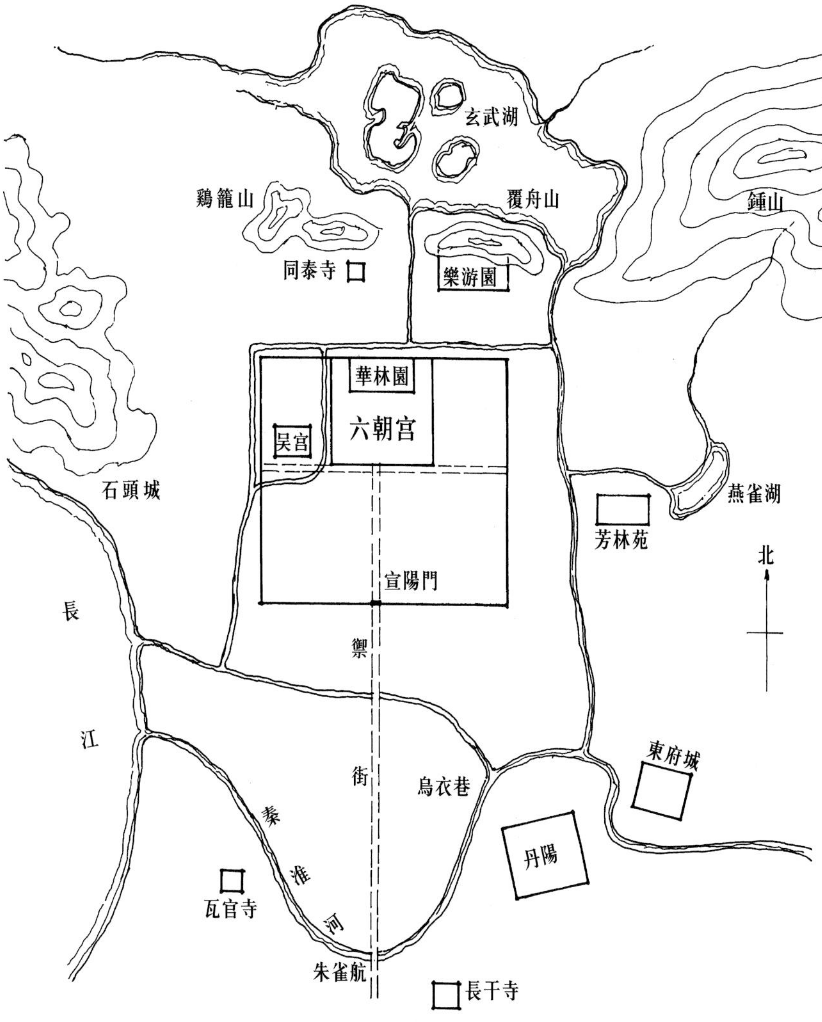

圖四　東晉、南朝建康平面圖

三面（圖四）。當年的玄武湖比現在大，湖中佈列蓬萊、方丈、瀛洲三島，西面直接連通長江。建康的皇家園林歷代均有新建、擴建和添改的，到梁武帝時臻於極盛的局面。但畢竟南方漢族政權偏安江左，宮苑的規模都不太大，設計規劃上則比較精緻，內容也十分豪華。這在後來的文人筆下乃是『六朝金粉』的主要表現。

建康的皇家諸園中，比較著名的是『華林園』和『樂遊園』。

華林園作為大內御苑，位於宮城北面，始建於東吳，歷經東晉、宋、齊、梁、陳的不斷經營，是南方的一座主要的、與南朝歷史相始終的皇家園林。早在東吳，即已引玄武湖之水入園，東晉時園林已初具規模，劉宋大加擴建，有景陽山、天淵池、流杯渠等。利用玄武湖的水位高差『作大竇，通入華林園天淵池』，再流經宮城，『由東南掖門下注南塹。故臺（宮城）諸水，常縈流迴轉，不捨晝夜』（注六）。園內殿堂建築形象華麗，花木繁茂，引栽許多名貴品種如薔薇等。據《六朝事蹟編類》引《宮苑記》：『梁武帝於景陽山東嶺起通天觀，觀前起重閣，閣上曰重雲殿，下曰光嚴殿。殿當街起二樓，右曰朝日，左曰夕月。階道繞樓九轉，極其巧麗』。侯景叛亂，盡毀華林園。陳後主又予以重建，並在光昭殿前為寵妃張麗華修建著名的臨春、結綺、望仙三閣，『閣高數丈，並數十間。其窗牖、壁帶、懸楣、欄檻之類並以沈檀香木為之，……。其下積石為山，引水為池，植以奇樹，雜以花藥』（注七）。

樂遊園在建康城北廓外、玄武湖南岸，又名北苑，始建於劉宋。園林基址的自然條件十分優越，往東可遠眺鍾山之借景，北臨玄武湖。園北的小山崗覆舟山多巉巖而陡峭，登山頂是觀賞玄武湖景的最佳處。覆舟山上原有道觀真武觀，劉宋時加以擴充，建正陽殿、林光殿，『置凌室於覆舟山，修藏冰之禮』。除經常性的遊樂以及飲禊等活動之外，皇帝還在園內的演武場觀看將士的騎射操練。北朝使臣來聘，也在樂遊園設宴招待。

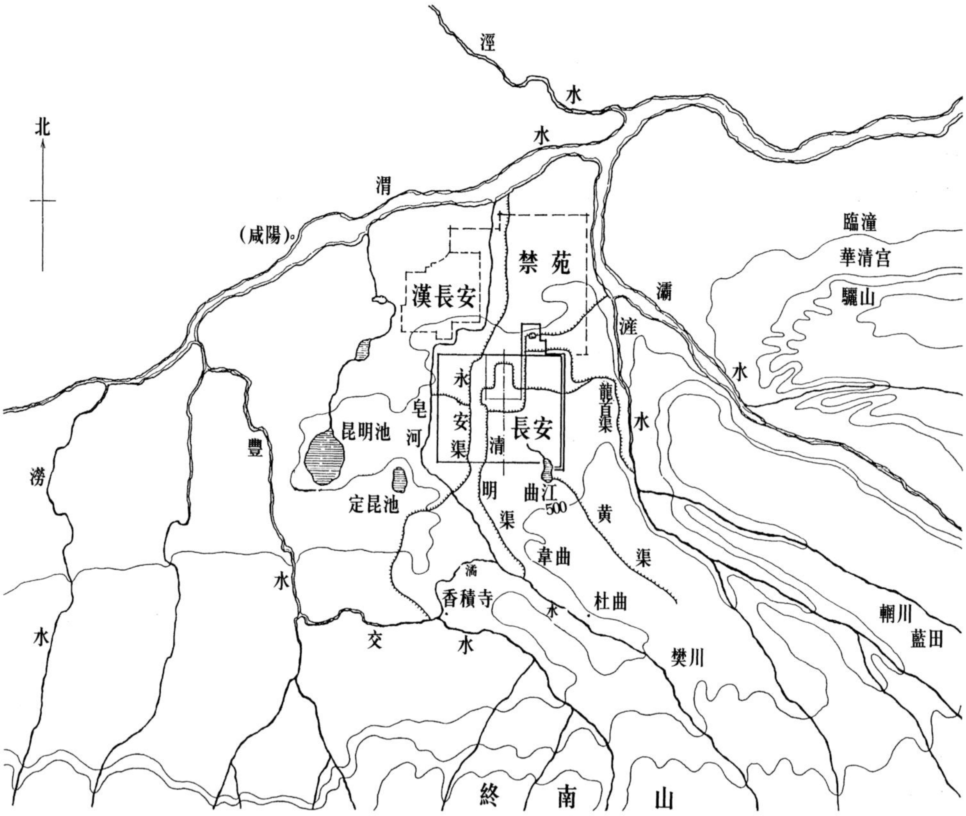

圖五　唐長安及近郊平面圖

公元五八九年，隋文帝滅陳，結束了南北朝三百餘年的分裂局面，中國復歸統一。

隋、唐是中國封建社會的黃金時代，國勢強盛，版圖遼闊。這是一個功業彪炳、意氣風發的時代，在政治穩定、經濟發達、文化繁榮的背景下，園林的發展也相應地進入一個全盛時期。隋、唐建立『兩京制』，以長安為西都、洛陽為東都，兩京同時設置兩套宮廷和政府機構，貴戚官僚也分別在兩地建置邸宅和園林。

這時，皇家園林的『皇家氣派』已形成其獨具的特徵，不僅表現為園林的規模宏大，而且反映在園林總體佈置和局部設計處理上面。由於宮廷規制的完善、帝王園居活動頻繁和多樣化，開始出現大內御苑、行宮御苑、離宮御苑之類別區分。長安的主要大內御苑有禁苑、大明宮、興慶宮等幾處，行宮、離宮御苑共計百餘處，分佈在廣闊的關中平原以及關隴山地的風景優美、氣候宜人的地段（圖五）。東部洛陽的主要大內御苑為上陽宮和西苑，近郊及遠郊也分佈著少量的行宮御苑（圖六）。

西苑在洛陽城之西側，隋大業元年（公元六〇五年）與洛陽城同時興建。園林的規模宏大，是歷史上僅次於西漢上林苑的一座特大型的皇家園林，唐代有所縮小，改名神都苑。據《大業雜記》記載：西苑週長二百里，以週圍十餘里的大湖作為主體。湖中三島鼎列高出水面百餘尺，上建臺觀樓閣。這雖然沿襲了『一池三山』的傳統格局，但主要的意圖並非求仙而在於造景。大湖的週圍又有若干小湖，彼此之間以渠道溝通。苑內有十六『院』即十六處獨立的、附帶小園林的建築群，它們的外圍以『龍鱗渠』環繞串聯起來。龍鱗渠又與大小湖面連綴為一個完整的水系，作為水上遊覽和後勤供應路線。苑內大量栽植名花奇樹，飼養動物，『草木鳥獸，繁息茂盛；桃蹊李徑，翠陰交合；金猿青鹿，動輒成群』。這座園林所運用的某些規劃手法如水景的創造、水上遊覽線路的安排、園中有園等均屬前所未

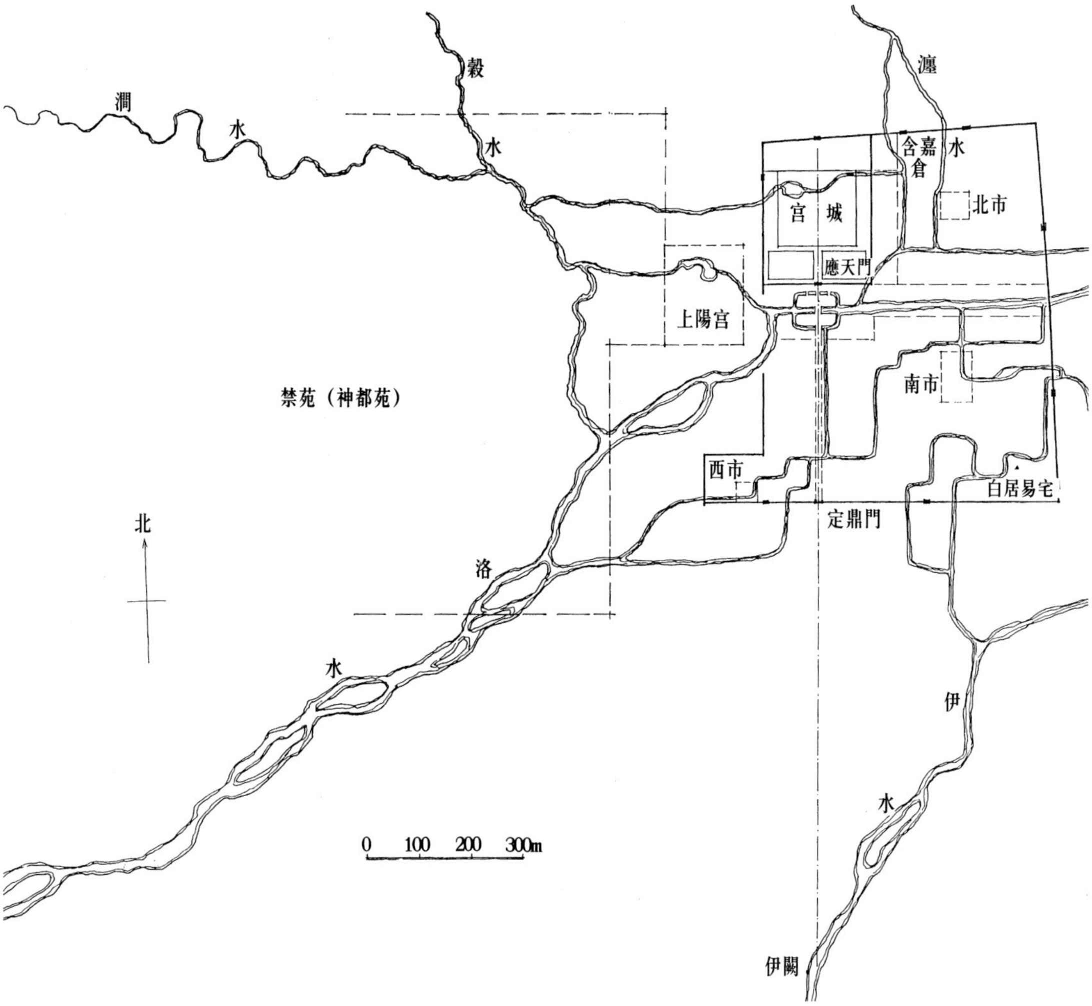

圖六　唐洛陽平面圖

之見的。它不僅是複雜的藝術創作，也是龐大的土木工程和綠化工程。它在設計規劃方面的成就，標誌著中國古典園林全盛期的到來。

禁苑又名三苑，在長安城北面，佔地遼闊。據《兩京城坊考》：禁苑東界滻水，北枕渭河，西面包括漢代的長安故城，南面的苑牆即長安北城牆；東西二十七里，南北二十三里，週一百二十里。『苑中宮亭，凡二十四所』〔注八〕，即二十四處建築物或建築群。此外，還有葡萄園、梨園、櫻桃園、虎圈、馬坊以及幾處人工開鑿的池沼。禁苑內樹林密茂，建築疏朗，十分空曠。因而除供遊憩和娛樂活動之外，還兼作馴養野獸、馴馬的場所，供應宮廷果蔬禽魚的生產基地，皇帝狩獵、放鷹的獵場〔注九〕。其性質類似漢代的上林苑，但比上林苑小得多。禁苑扼據宮城與渭河之間的要衝地段，也是拱衛京師的一個重要的軍事防區，『三苑地廣，故唐世多於苑中用兵』〔注一〇〕。苑內駐扎禁軍神策軍、龍武軍、羽林軍，設左軍碑、右軍碑。

興慶宮在長安城內之興慶坊，面積相當於一坊半。北面為宮廷區，共有中、東、西三路跨院。南面為苑林區，面積稍大於宮廷區。苑內以龍池為中心，池面略近橢圓形。池的遺址面積約一點八公頃，由龍首渠引來滻水之活水接濟。池中植荷花、菱角、雞頭米及藻類等水生植物，南岸有草數叢，葉紫而心殷名『醒酒草』。池西南的『花萼相輝樓』和『勤政務本樓』是苑林區內的兩座主要殿宇，樓前圍合的廣場遍植柳樹，廣場上經常舉行樂舞、馬戲等表演。這兩座殿宇也是皇帝接見外國使臣、策試舉人以及舉行各種儀典、娛樂活動的地方。龍池之北偏東堆築土山，上建『沈香亭』。亭用沈香木構築，週圍的土山上遍種紅、紫、淡紅、純白諸色牡丹花，是為興慶宮內的牡丹觀賞區。

華清宮在臨潼縣，南倚驪山之北坡，北向渭河，這是歷史上一座著名的溫泉離宮御苑。唐玄宗經常在此居住，處理朝政，接見臣僚。相應地在驪山北麓的平地上建置了一個龐大的宮廷區，包括外朝、內廷以及溫泉湯池十六個・蓮花湯是其中設備最好的一個湯池，也是玄宗寵妃楊貴妃賜浴的地方。苑林區緊鄰於宮廷區的南面，亦即驪山北坡之山岳風景地帶，以建築物結合於山麓、山腰、山頂的不同地貌而規劃為各具特色的許多景區和景點。山麓分佈著若干以花卉、果木為主題的小園林兼生產基地，如芙蓉園、粉梅壇、看花臺、石榴園、西瓜園、椒園、東瓜園等，還有一處馬球場和一處賽馬場。山腰則突出巉巖、溪谷、瀑布等自然景觀，放養馴鹿出沒於山林之中。朝元閣是苑林區的主體建築物，從這裏修築御道循山而下直抵宮城。朝元閣與其側的老君殿均屬道觀性質，唐代皇帝多信奉道教，皇家園林中亦多有道觀的建置。附近的長生殿則是皇帝到朝元閣進香前齋戒沐浴的齋殿，相傳玄宗與楊貴妃於某年七巧節曾在此殿內山盟海誓願生生世世為夫婦，這就是白居易《長恨歌》中所提到的『七月七日長生殿，夜半無人私語時，在天願作比翼鳥，在地願為連理枝』的故事。山頂高爽涼快，俯瞰平原歷歷在目，視野最為開闊。這裏集中了許多建築物：望京樓、石甕寺、紅樓、綠閣等。望京樓旁之烽火臺，相傳為周幽王與寵姬褒似烽火戲諸侯之處。值得一提的是苑林區在天然植被的基礎上，還進行了大量的人工綠化種植，『天寶所植松柏，滿山遍谷望之鬱然』〔注一一〕。不同的植物配置更突出了各景區和景點的風景特色，所用品種見於文獻記載的計有松、柏、槭、梧桐、柳、榆、桃、梅、李、海棠、棗、榛、芙蓉、石榴、紫藤、芝蘭、竹子、旱蓮等將近三十多種，還生產各種果蔬供應宮廷。因此，驪山北坡通體花木繁茂，如錦似繡。

長安城東南隅的『曲江』，即秦、漢宜春苑的舊址，唐代闢為御苑兼公共遊覽性質的大型園林。利用江面彎曲的一段開拓為湖泊，臨水栽植垂柳，建『紫雲樓』、『彩霞亭』等為數眾多的建築物，所謂『江頭宮殿鎖千門，細柳新蒲為誰綠』〔注一二〕。平時供京師居民遊玩，逢到會試之期，新科進士們例必題名雁塔、宴遊曲江。每年三月上巳、九月重陽，皇帝都要率嬪妃到此賜宴群臣。沿江結彩棚、江面泛彩舟，百姓在旁觀看，商賈陳列奇貨，真是熱鬧非凡。

宋代，中國的封建社會已臻於發育成熟的境地。在中國五千多年的文明歷史中，無論經濟、政治、文化方面兩宋都佔著重要的歷史地位，而文化方面則尤為突出。從兩宋開始，文化的發展也像宗法政治制度及其哲學體系一樣，都在一種內向封閉的境界中實現著從總體到細節的不斷自我完善。與漢唐相比，兩宋人士心目中的宇宙世界縮小了。各種藝術形態已由面上的外向拓展轉向於縱深的內在開掘，其所表現的精微細膩的程度則是漢唐所無法企及的。

宋代國勢羸弱，統治階級沉湎於聲色繁華之享受，文人，士大夫陶醉在風景花鳥的世界；詩詞重細膩情感的抒發，技法已經十分成熟的山水畫在寫意方面發展為別具一格的寫意畫派。這個畫派的理論和創作方法對造園藝術的影響很大，園林與詩、畫的結合更為緊密，因此能夠更精煉、概括地表現自然並把自然美與建築美相融糅從而創造一系列富於詩情畫意的園林景觀。由於建築技術和園藝技術的進步，園林建築的種類日益繁多，植物造景形式更為豐富，這從宋畫中也可以看得出來。用石材堆疊假山已成為園林築山的普遍方式，單塊石頭『特置』的做法也很普遍，幾乎達到『無園不石』的地步，這些，都為園林造景開拓了更大的可能性。宋代的園林藝術，在隋唐的基礎上又有所提高而達到了一個新的境界。

北宋首都東京，其規劃沿襲北魏、隋唐的皇都模式：三重城垣，強調城市中軸線，御苑位於中軸線的末端（圖七）。中軸線上的天街寬二百餘步，當中的御道與兩旁的行道之間以『御溝』分隔，兩條御溝『盡植蓮荷，近岸植桃、梨、杏，雜花相間，春夏之間，望之如繡。』東京皇家園林只有大內御苑和行宮御苑。『艮岳』是大內御苑中的最著名者，六處行宮御苑規模小，離城很近，几乎緊鄰外城的城牆。

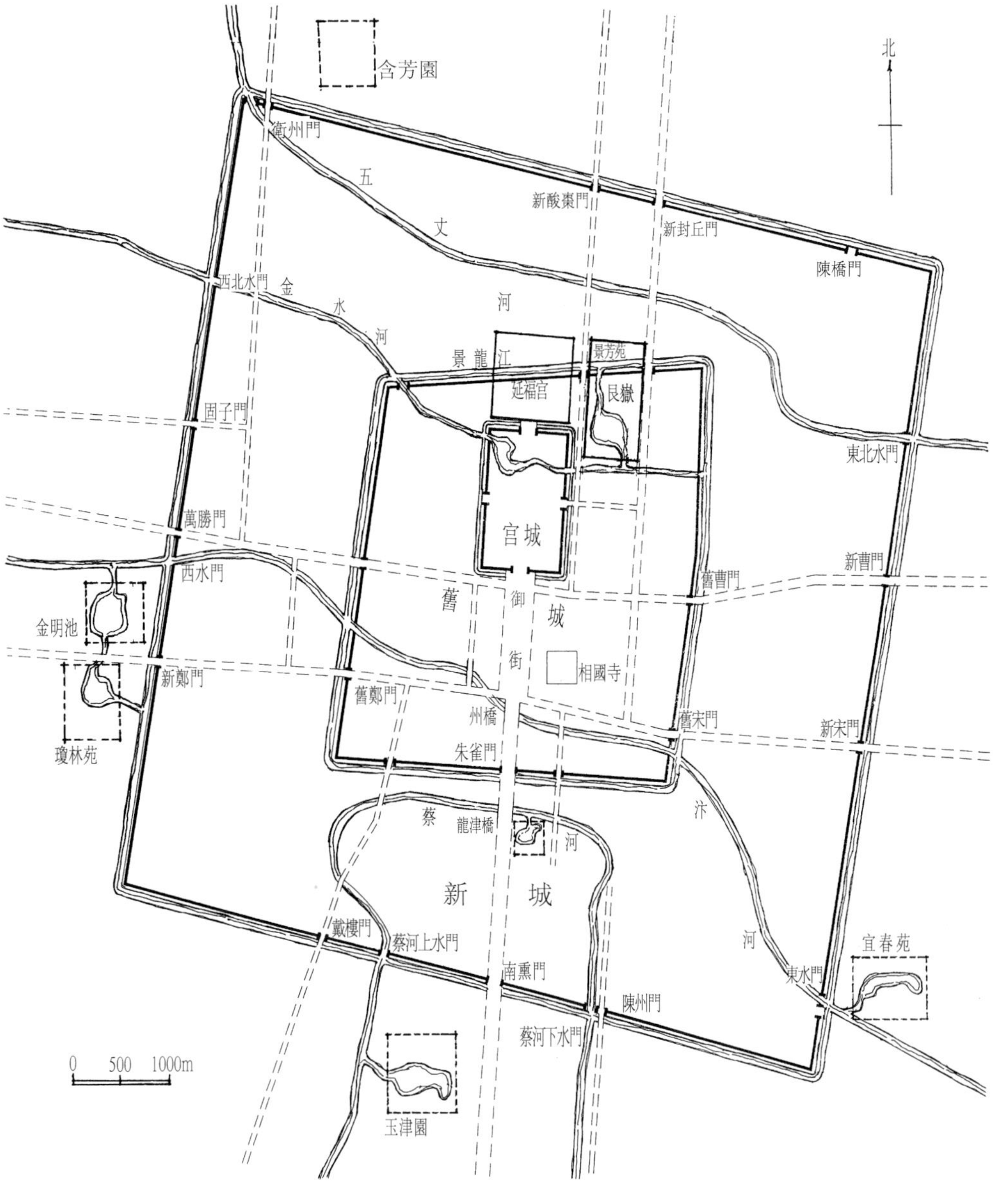

圖七　北宋東京城平面示意圖

艮岳在宮城的東北角，由擅長書畫的宋徽宗參與籌劃興建。這是一座事先經過規劃設計然後按圖施工的大型人工山水園，全部由人工堆山鑿池、平地起造。宋徽宗寫了一篇《艮岳記》，對這座名園有詳盡的描述：主山名叫萬歲山，主峰之南有稍低的兩峰並峙，其西又以平崗『萬松嶺』作為呼應，其東南則為次山環抱。這座用太湖石、靈壁石一類的奇石堆築而成的大土石假山『雄拔峭峙、巧奪天工……，千態萬狀，殫奇盡怪』，山上『斬不開徑，憑險則設蹬道，飛空則架棧閣』。還利用造型奇特的單塊太湖石作為園景點綴和露天陳設，有的集中為一區猶如人工石林，每一塊均由徽宗賜名，如『朝日昇龍』、『望雲坐龍』等等。萬歲山的南面和西面分佈著雁池、大方沼、鳳池、白龍灘等大小水面，以縈迴的河道穿插連綴，呈山環水抱的地貌形式。山間水畔佈列著許多觀景和點景的建築物，主峰之頂建『介亭』作為控制全園的景點。園內大量蒔花植樹，且多為成片栽植如所謂斑竹麓、海棠川、梅嶺等。為了興造此園，官府專門在平江（蘇州）設『應奉局』，徵取江浙一帶的珍異花木奇石即所謂『花石綱』，為了起運鉅型的太湖石而『鑿河斷橋，毀堰拆牐，數月乃至』。如此不惜工本、殫費民力，連續經營十餘年之久，足見此園之鉅麗。總的看來，艮岳稱得起是一座疊山、理水、花木、建築完美結合的具有濃鬱詩情畫意而較少皇家氣派的人工山水園，它把大自然生態環境和山水風景加以高度的概括、提煉和典型化，代表著宋代皇家園林的風格特徵和宮廷造園藝術的最高水平。

南宋首都臨安，西鄰西湖及其三面環抱的群山，東臨錢塘江，既是偏安江左的宋王朝的政治、經濟、文化中心，又有美麗的湖山勝境，這些都為造園活動提供了優越的條件。自從與金人達成和議以來，臨安的皇家園林建設之盛況比之北宋東京有過之而無不及。

大內御苑即宮城的苑林區，又名後苑，位置大約在西湖南面的鳳凰山的西北部，是一座風景優美的山地園。這裏地勢高爽，能迎受錢塘江的江風，小氣候比杭州的其他地方涼爽。地形曠奧兼備，視野廣闊，『山據江湖之勝，立而環眺，則凌虛鶩遠，瓌異絶勝之觀舉在眉睫』〔注一三〕，故為宮中避暑之地。

南宋的行宮御苑很多，櫻桃園和德壽宮在外城。大部份則分佈在西湖風景優美的地段，這些御苑『俯瞰西湖，高挹兩峰；亭館臺榭，藏歌貯舞；四時之景不同，而樂亦無窮矣』〔注一四〕。其餘的分佈在城南郊錢塘江畔和東郊的風景地帶，如玉津園、富景園（圖八）。德壽宮宋人又稱之為『北內』而與宮城大內相提並論，足見其規模和規格均不同於一般的行宮御苑。它的中央為一個人工開鑿的大水池，遍植荷花，可乘畫舫作水上遊。水池引西湖之水注入，『疊石為山以象飛來峰之景，有堂匾曰「冷泉」』，把西湖的一些風景縮移寫倣入園，故又名『小西湖』。園內的太湖石大假山極為精緻，山洞可容百餘人，乃是與艮岳萬歲山齊名的宋代疊石假山之精品。

總的看來，宋代皇家園林的規模既遠不如唐代之大，也沒有唐代那樣的遠離都城的離宮御苑，而在設計規劃上則更精密細緻，比起中國歷史上的任何一個朝代都最少皇家氣派，更多地接近民間的私家園林。所以說，宋代皇家園林乃是獨闢蹊徑，因而出現像艮岳

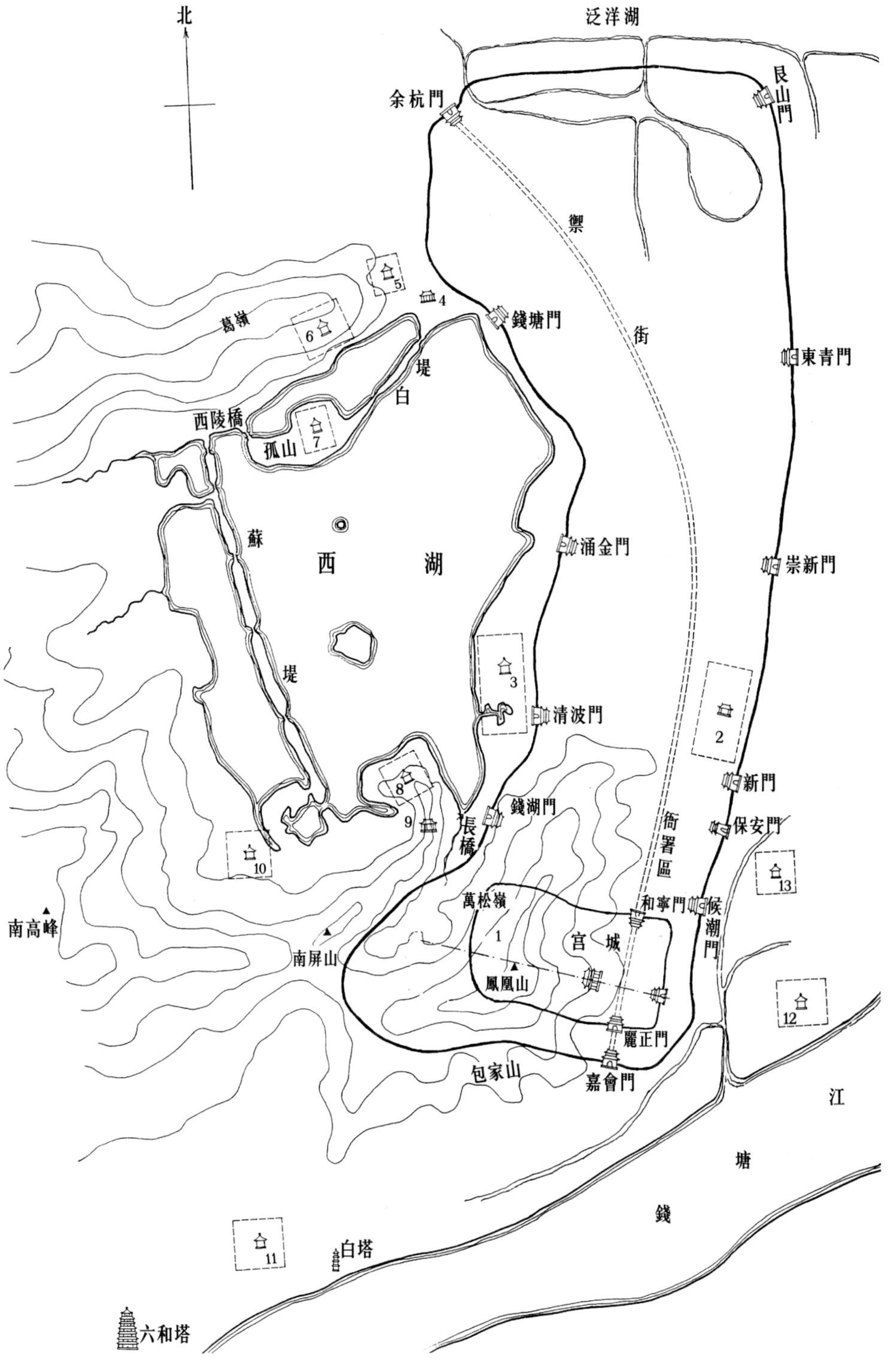

圖八　南宋臨安主要宮苑分佈圖

1–大內御苑；2–德壽宮；3–聚景園；4–昭慶寺；5–玉壺園；6–集芳園；7–延祥園；8–屏山園；9–淨慈寺；10–慶樂園；11–玉津園；12–富景園；13–五柳園

那樣劃時代的作品。南宋皇帝經常把行宮御苑賞賜臣下作為別墅園，北宋某些行宮御苑較長時間開放任百姓入內遊覽，這都說明皇家和私家園林具有較多的共性，也反映了宋代政治上的一定程度的開明。

北方，女真族的金王朝崛起，遷都中都，具體位置在今北京外城的西面。金王朝滅北宋後國勢日益強盛，加速政治、經濟、文化的全面漢化，與中都的城市建設同時展開了大規模的宮苑建設。皇家園林之見於文字記載的數量已十分可觀，其中的大寧宮是金代的一處主要行宮御苑，後來北京歷代的城市建設與皇家園林建設都與它有著密切的關係。

大寧宮在中都城的東北郊，這裏原來是高梁河下遊的一片沼澤地。經人工開拓為湖泊，並在湖中築大島瓊華島。大寧宮內共建有殿宇九十餘所，水木清華，風景佳麗。據清代高士奇《金鰲退食筆記》：『余歷觀前人記載，茲山（瓊華島）實遼、金、元遊宴之地……。其所壘石，巉巖森聳，金、元故物也。或雲：本宋艮岳之石，金人載此石自汴至燕，每石一準糧若干，俗呼為折糧石』。而堆築瓊華島的山體形象，據說也是以艮岳的萬歲山為藍本。

公元一二五八年，蒙古族的元王朝滅金之後，即籌劃把都城從塞外的上都遷移到中都的遷都事宜。當時的中都城經元軍攻陷後宮殿、民居大半被毀，而地處東北郊的大寧宮幸得保存。至元四年（一六二七年）遂以大寧宮為中心另建新的都城『大都』，這就是北京城的前身。瓊華島及其週圍的湖泊再加開拓後命名『太液池』，包入大都的皇城之內而成為大內御苑的主體部份。太液池中三島佈列，沿襲皇家園林的『一池三山』的傳統模式。最大的島嶼即瓊華島，又名萬歲山（圖九）。

明成祖即位，在大都的基礎上建成新的都城——北京，自南京遷都於此，並確立北京與南京的『兩京制』。

北京城的規劃仍沿襲傳統的三套城垣和突出中軸線的皇都模式，又根據《周禮·考工記》的古制做出『前朝後市、左祖右社』的安排。為了改善城市供水和漕運接濟，引西北郊的玉泉山之水匯入西湖（清乾隆時改名昆明湖），經長河流入城內的海子（積水潭、什剎海）再分為兩股。一股南流入太液池，擴大元代太液池並以它為中心建成太內御苑西苑。另一股流入城西南之通匯河，以接濟大運河用水。此後，由於大運河的漕運不再入城，商業中心逐漸移至城南，加之城市人口增加很快，城南形成大片市肆及居民區。於是在嘉慶年間於內城之南加修外城，將天壇及先農壇包圍進去，這就形成了明清兩代北京城的最後規模（圖一〇）。

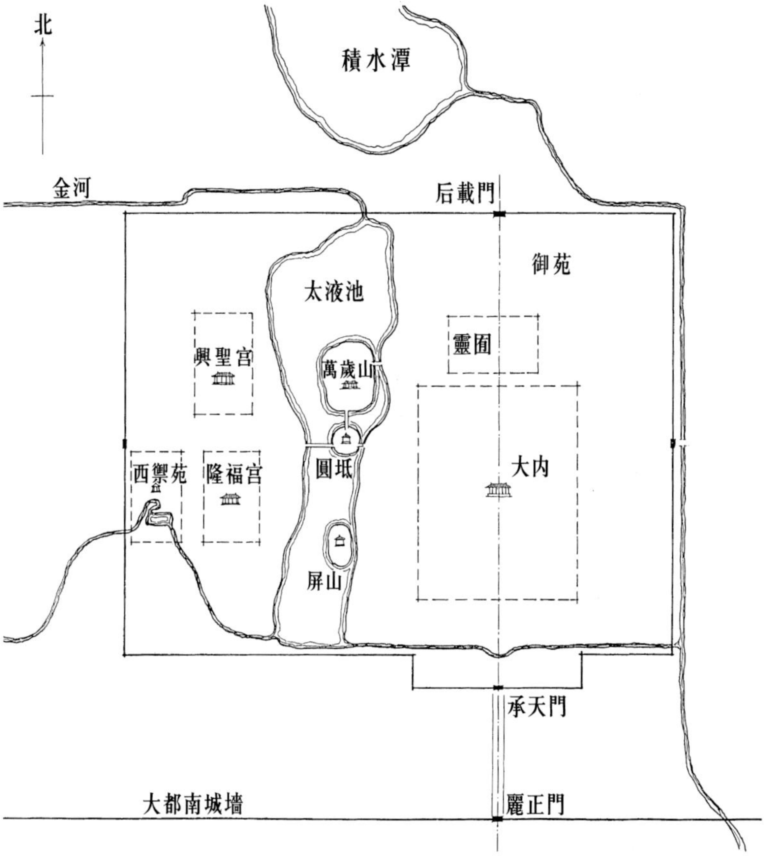

圖九　大都皇城平面圖

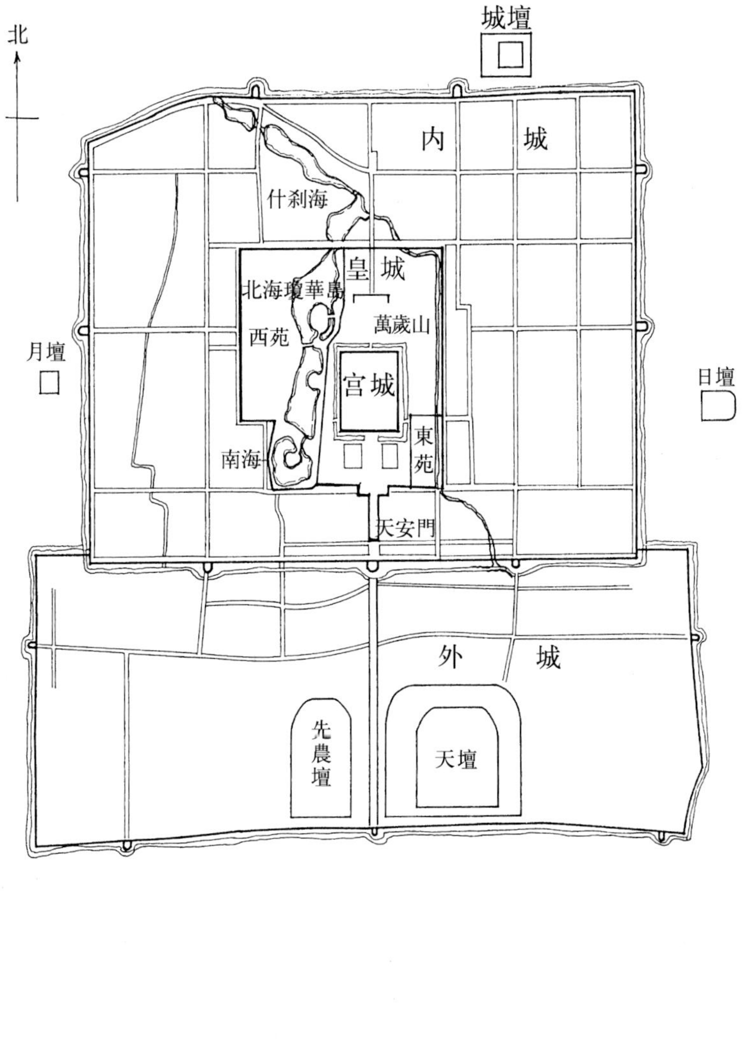

圖一〇　明清北京城平面圖

明代皇家園林建設的重點在大內御苑，共有六處：位於紫禁城（宮城）中軸線北端的御花園，位於紫禁城內廷西路的建福宮花園，位於皇城北部中軸線上的萬歲山（清初改稱景山），位於皇城西部的西苑，位於西苑之西的兔園，位於皇城東南部的東苑。

西苑是大內御苑中規模最大的一處，太液池往南開拓，水面佔園林總面積的一半還多，奠定了北、中、南三海的佈局。據李賢、韓雍分別撰寫的《賜遊西苑記》：遼闊的水面上『煙霏蒼莽，蒲荻叢茂，水禽飛鳴遊戲於其間；隔岸林樹陰森，蒼翠可愛。』元太液池中的三島，除北面的瓊華島外，其餘兩島均與東岸連接而成為突出於池岸的半島。瓊華島上仍保留著元代的疊石嶙峋、樹木蓊鬱的景觀和疏朗的建築佈局，山南坡有三殿並列。山頂的廣寒殿就元代舊址重修，清初又改建為喇嘛塔『白塔』。從這裏『徘徊週覽，則都城萬雉，煙火萬家，市廛官府寺僧浮圖之高傑者，舉集目前。近而太液晴波，天光雲影，上下流動；遠而西山居庸，疊翠西北，帶以白雲。東而山海，南而中原，皆一望無際，誠天下之奇觀也』，景界是十分開闊的。廣寒殿的左右有四座小亭環列，島上的奇峰怪石之間，還分佈著琴臺、棋局、石床、石洞、翠屏之類。瓊華島浮現北海水面，每當晨昏煙霞彌漫之際，宛若仙山瓊閣。從島上一些建築物的命名看來，顯然也是有意識地摹擬神仙境界。

在新開鑿的南海中堆築大島『南臺』，臺上建昭和殿。南臺一帶林木深茂，沙鷗水禽如在鏡中，宛若村舍田野之風光。皇帝在這裏親自耕種『御田』，以示勸農之意。南海東岸設閘門，瀉水往東流入御河。三海東岸的狹長地帶散佈著一些殿宇；北岸和西岸的地段開闊，作為校場和圈養虎、豹的地方，也建有若干殿宇、寺廟和後勤用房。總的看來，明代的西苑，建築疏朗，樹木蓊鬱，既有仙山瓊閣之境界，又富水鄉田園之野趣，無異於城市中保留的一大片自然生態的環境。直到清初，仍然維持著這種狀態，但局部景觀也有所改變：瓊華島南坡新建永安寺，在山頂廣寒殿舊址上改建為喇嘛塔——小白塔；南海一帶增加了一些建築物。

清初，興起了一個皇家建園的高潮。這個高潮奠基於康熙，完成於乾隆。

清王朝入關定都北京之初，完全沿用明代的皇城、宮城、壇、廟等，皇家建設的重點自然就放在園林方面。加之來自關外的滿族統治者很不習慣於北京城內的炎夏溽暑之苦，曾打算在郊野地帶擇地另建『避暑宮城』。待到康熙中葉政局穩定、國力稍裕的時候，便陸續實現這個願望，在塞外的承德和北京的西北郊風景優美、泉水豐沛的地帶經營皇家園林了。建在北京西北郊的計有香山行宮、玉泉山行宮、暢春園，後者是清代第一座離宮御

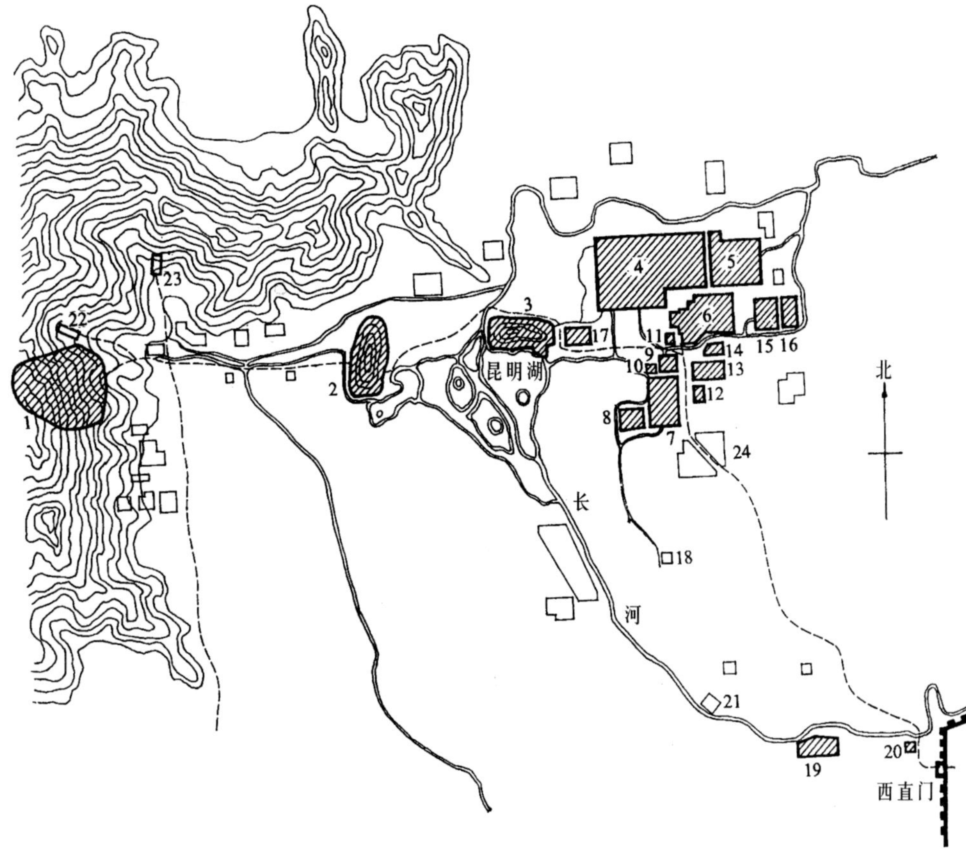

圖一一　乾隆時北京西北郊主要園林分佈圖

1-靜宜園；2-靜明園；3-清漪園；4-圓明園；5-長春園；6-綺春園；7-暢春園；8-西花園；9-蔚秀園；10-承澤園；11-翰林花園；12-集賢院；13-淑春園；14-朗潤園；15-近春園；16-熙春園；17-自得園；18-泉宗廟；19-樂善園；20-倚虹園；21-萬壽寺；22-碧雲寺；23-卧佛寺；24-海淀鎮

苑。稍後又在承德興建規模更大的第二座離宮御苑——避暑山莊，它較之暢春園，更具備『避暑宮城』的性質。園址之所以選擇在塞外的承德，固然因為這裏有優越的風景、水源和氣候條件，也與當時清廷的重要政治活動『北狩』有著直接的關係。到了雍正王朝，北京的西北郊又建成第三座離宮御苑——圓明園。

乾隆是中國封建社會的最後一個繁榮時期，它最終形成了肇始於康熙的皇家園林建設的高潮，這個建園高潮規模之廣大、內容之豐富，在中國歷史上是罕見的。

乾隆皇帝作為盛世之君，有較高的漢文化素養，平生附庸風雅，喜好遊山玩水，對造園藝術很感興趣也頗有一些見解。明代以及康、雍兩朝建置的那些舊苑已遠不能滿足他的需要，因而按照自己的意圖對它們逐一進行改造、擴建。同時又挾持皇家斂聚的大量財富，興建了為數衆多的新園。乾隆曾先後六次到江南巡視，足跡遍及江南園林精華薈萃的地方。凡他所喜愛的園林，均命隨行的畫師摹繪為粉本『攜圖以歸』，作為北方建園的參考。一些重要的擴建、新建的園林工程，他都要親自過問甚至參預規劃事宜，表現了一個內行家的才能。康熙以來，皇家造園實踐經驗上承明代傳統並汲取江南技藝而逐漸積累，乾隆又在此基礎上把設計、施工、管理方面的組織工作進一步加以提高。內廷如意館的畫師可備諮詢，內務府樣式房作出規劃設計，銷算房作出工料估算，有一個熟練的施工和工程管理的班子。因而園林工程的工期比較短，工程質量也比較高。從乾隆三年直到三十九年這三十多年間，皇家的園林建設工程幾乎沒有間斷過，新建、擴建的大小園林按面積總計大約有一千五六百公頃之多。

大內御苑方面，西苑的地盤因皇城內的民宅日增而有所收縮，苑內的建築卻大量增加，原來有若大自然生態的景觀已所剩無幾。行宮御苑和離宮御苑則是皇家建園高潮的重點所在，其興建規模之大、數量之多，為宋以來所未之見。它們分佈在北京城近郊、遠郊以及畿輔、塞外等地，尤以北京西北郊和承德兩地最為精華薈萃。

在塞外的承德，擴建避暑山莊及其週圍的大環境。

在北京的西北郊，擴建圓明園、暢春園、香山行宮（靜宜園）、玉泉山行宮（靜明園），於萬壽山、昆明湖的基址上新建清漪園。於圓明園的東鄰和東南鄰分別新建長春園和綺春園，三者全稱『圓明園』，或曰『圓明三園』。除此之外，海淀以南、沿長河一帶還陸續建成若干小型的行宮御苑。到乾隆中期，北京的西北郊已經形成一個龐大的皇家園林集群。其中規模最宏大的圓明園、暢春園、香山靜宜園、玉泉山靜明園和萬壽山清漪園等五座園林號稱『三山五園』。它們都由乾隆親自主持修建或擴建，精心規劃、精心施工。附近又陸續建成許多賜園、私園，連同康、雍時留下來的一共有二十餘座。在西起香山、東到海淀、南臨長河的遼闊範圍內，極目所見皆為館閣聯屬、綠樹掩映的名園勝苑，形成一個巨大的『園林之海』，也是歷史上罕見的皇家園林特區（圖一一）。

另外，在北京以東薊縣境內的盤山南麓建成行宮御苑『靜寄山莊』，又名盤山行宮；在北京南郊擴建明代的南苑，苑內建團河行宮作為乾隆狩獵、閱武和遊幸時駐蹕之用。其餘規模較小的行宮則是乾隆南巡、北狩、西巡、謁陵途中，以及遊覽遠郊和畿輔各地的風景名勝臨時駐蹕的地方，一部份也有園林和園林化的建置。

道光朝，中國封建社會的最後繁榮階段已經結束，皇室再沒有財力來經營園林了。這時，西方殖民主義勢力通過第一次鴉片戰爭用武力打開了古老封建鎖國的門户，中國開始淪為半封建半殖民地社會；咸豐年間的第二次鴉片戰爭，英、法聯軍佔領北京，焚燒、劫掠圓明園及西北郊諸園，一代名園勝苑，於數日間付之一炬。

光緒十四年（一八八八年），西太后重修清漪園，改名頤和園。光緒二十六年（一九○○年），八國聯軍佔領北京，洗劫宮禁，西太后倉皇出走，逃往西安。光緒二十七年（一九○一年），清政府與八國簽訂『辛丑條約』，聯軍退出北京。次年，西太后返回北京，立即動用鉅款將殘破的頤和園加以修繕，稍後又對西苑的南海進行一次大修，繼續在這兩處御苑內過著窮奢極侈的生活。其他的行宮御苑、則任其傾圮，就連經常性的修繕亦完全停止。由於管理不嚴，殘留的建築物陸續被拆卸盜賣，劫後的遺址逐年泯滅。到清末，大部份均化為斷垣殘壁、荒煙漫草、麥隴田野了。

圖一二　避暑山莊平面圖

1-麗正門；2-正宮；3-松鶴齋；4-德匯門；5-東宮；6-萬壑松風；7-芝徑雲堤；8-如意洲；9-煙雨樓；10-臨芳墅；11-水流雲在；12-濠濮間想；13-鶯囀喬木；14-莆田叢樾；15-蘋香沜；16-香遠益清；17-金山亭；18-花神廟；19-月色江聲；20-清舒山館；21-戒得堂；22-文園獅子林；23-殊源寺；24-遠近泉聲；25-千尺雪；26-文津閣；27-蒙古包；28-永祐寺；29-澄觀齋；30-北枕雙峰；31-青楓綠嶼；32-南山積雪；33-雲容水態；34-清溪遠流；35-水月菴；36-斗老閣；37-山近軒；38-廣元宮；39-敞晴齋；40-含青齋；41-碧靜堂；42-玉岑精舍；43-宜照齋；44-創得齋；45-秀起堂；46-食蔗居；47-有真意軒；48-碧峰寺；49-錘峰落照；50-松鶴清越；51-梨花伴月；52-觀瀑亭；53-四面雲山

圖一三　正宮庭院

二、後期皇家園林的三大傑作

乾隆時期的皇家園林建設高潮展示了元明以來的宮廷造園的輝煌成就，在中國古典園林發展史的後期形成一個與江南私家園林並峙的高峰。這個高峰的代表作品便是著名的三座大型離宮御苑——避暑山莊、圓明園、頤和園。其中，避暑山莊和頤和園完整地保留至今，圓明園則有全部的遺址可尋。它們上承漢唐以來一脈相繼的傳統，又在康熙開創的新風的基礎上有所提高、昇華而成為後期宮廷造園的三個傑出作品。其規模之宏大、內容之豐富、造園技藝之精湛，早已蜚聲中外；把它們置於世界名園之列，也是當之無愧的。

避暑山莊

避暑山莊在塞外的承德，這是一座佔地五六四公頃的大型天然山水園（圖一二）。它北界獅子溝，東臨武烈河。經過人工開闢湖泊和水系整理之後，它的地貌環境具備著以下五個特點：第一，有起伏的峰巒、幽靜的山谷；有平坦的原野；有大小溪流和湖泊羅列，幾乎包含了全部天然山水的構景要素。第二，湖泊與平原南北縱深聯成一片；山嶺則並列於西、北面，自南而北稍向東兜轉略成環抱之勢，坡度也相應由平緩而逐漸陡峭。松雲峽、梨樹峪、松林峪、西峪四條山峪通向湖泊平原，是後者進入山區的主要通道，也是兩者之間風景構圖上的紐帶。山坡大部份向陽，既多幽奧僻靜之地，又有敞向湖泊和平原的開闊景界。第三，獅子溝北岸的遠山層巒疊翠，武烈河東岸一帶多奇峰異石，都能提供很好的借景條件。第四，山區的大小山泉沿山峪匯聚入湖，武烈河水從平原北端導入園內再沿山麓流到湖中，連同湖區北端的熱河泉，是為湖區的三大水源。湖區的出水則從南宮牆的五孔閘門再流入武烈河，構成一個完整的水系。這個水系充分發揮水的造景作用，以溪流、瀑布、平瀨、湖沼等多種形式來表現水的靜態和動態的美，不僅觀水形而且聽水音。因水成景乃是避暑山莊園林景觀中的最精彩的一部份，所謂『山莊以山名而實趣在水，瀑之濺、泉之淳、溪之流咸會於湖中』〔注一五〕。第五，山嶺屏障於西北，擋住了冬天的寒風侵襲；夏日酷暑，由於高峻的山峰、密茂的樹木再加上湖泊水面的調劑，園內夏天的氣温比承德市區低一些，確具冬暖夏涼的優越小氣候條件。

避暑山莊於康熙時已基本建成，乾隆的擴建是在原來的範圍內增加新建築、增設新景點。其總體佈局按『前宮後苑』的規制，宮廷區設在南面，它的北面即為廣大的苑林區。

圖一四　湖泊區

宮廷區包括三組平行的院落建築群：正宮、松鶴齋、東宮。建築物外觀樸素、尺度親切，院內散植古松，形成幽靜的環境，極富園林情調（圖一三）。

苑林區是山莊的主體，包括三個大景區：湖泊景區、平原景區、山岳景區，三者成鼎足而立的佈列。

湖泊景區，即人工開鑿的湖泊及其島堤和沿岸地帶（圖一四）。整個湖泊可以視為以洲、島、橋、堤劃分成若干水域的一個大水面，這是清代皇家園林中常見的理水方式。湖中共有大小島嶼八個，西面的如意湖和北面的澄湖為最大的兩個水域。如意湖的景界最為開闊，湖中的大島如意洲有堤連接於南岸，名叫『芝徑雲堤』，堤身造型優美。東半部則為若干小型水域，其東緊鄰園牆，這裏多半是幽靜的局部近觀的水景小品。湖泊的東、西兩半部之間設置閘門『水心榭』以調節水量，保証枯水季節有一定水位。西北面開鑿長湖是為了匯聚山岳區的泉水，顯然具有蓄水庫的作用。湖泊景區的自然景觀是開闊深遠與含蓄曲折兼而有之，雖然人工開鑿，但就其整體而言，水面形狀、堤的走向、島的佈列、水域的尺度等，都經過精心設計，能與全園的山、水、平原三者構成的地貌形勢相協調，再配以廣泛的綠化種植，宛若天成地就。即便一些局部的處理，如像山麓與湖岸交接處的坡腳、駁岸、水口以及水位高低、堤身寬窄等，也都以江南水鄉河湖作為創作的藍本，設計推敲極精緻而又不落斧鑿之痕，完全達到了『雖由人作，宛自天開』的境地。因而通體顯示出濃鬱的江南水鄉情調，尺度十分親切近人，是為北方皇家園林中理水的上品之作。

湖泊景區面積不到全園的六分之一，但卻集中了全園一半以上的建築物，乃是避暑山莊的精華所在。這個景區以金山亭為總綰全局的重點，以如意洲作為景區的建築中心。金山是靠如意湖東岸的一個小島，地貌很像鎮江的金山『江上浮玉』的縮影，因此而得名。島上的建築也摹倣鎮江金山『屋包山』的做法：臨水曲廊週匝迴抱如彎月，山坡上錯落穿插殿宇亭榭與如意洲上的大建築群隔水相望；島的最高處建八方形三層高的上帝閣，即金山亭（圖一五）。這個景點在湖泊景區內發揮了重要的『點景』和『觀景』的作用，它是景區內主要的成景對象和許多風景畫面的構圖中心，又與山岳景區的『南山積雪』、『北枕雙峰』遙相呼應成對景。登閣環眺，能觀賞到以湖泊為近景的大幅度橫向展開猶如長卷的風景畫面，彷彿江南的『北固煙雲、海門風月，皆歸一覽。』〔注一六〕。整個景區內的建築佈局都能夠恰當而巧妙地與水域的開合聚散、洲島橋堤和綠化種植的障隔通透結合起來。不僅構成作為在特定的位置和景點上作固定觀賞風景畫面即『定觀』的對象，而且還創造了循著一定路線的遊動觀賞即步移景異的『動觀』的效果。

圖一五　金山亭

平原景區，南臨湖、東界園牆、西北依山，呈狹長三角形地帶。它的面積與湖泊景區約略相等，兩者按南北縱深一氣連貫。起伏延綿的山嶺自西而北屏列，綰結於平原的盡端。山的渾雄、湖的婉約、平原的開曠，三者在景觀上形成強烈的對比。平原景區的建築物很少，大體上沿山麓佈置以便烘托出平原之遼闊平坦。

景區的植物配置，東半部的『萬樹園』叢植虬健多姿的榆樹數千株，麋鹿成群地奔逐於林間（圖一六）。西半部的『試馬埭』則是一片如茵的草氈，表現塞外草原的粗獷風光。它與南面湖泊景區的江南水鄉的婉約情調並陳於一園之內，這種特殊的景觀設計有著『移天縮地在君懷』的明顯政治意圖，即便在皇家園林中也是罕見的例子。當年乾隆在萬樹園與蒙古王公、臺吉舉行野宴，觀看燈彩、馬伎、角力、摔跤，平原上點綴著多處的蒙古包，這一派漠北的景象為皇帝舉行的此類政治活動烘染了足夠的氣氛。

山岳景區佔去全園三分之二的面積，山形飽滿，峰巒湧疊，形成起伏連綿的輪廓線。幾個主要的峰頭高出平原五十到一百米，最高峰達一五〇米。覆蓋着鬱鬱蒼蒼的樹木，山雖不高卻頗有渾宏的氣勢。山嶺多溝壑而無甚懸巖絶壁，四條山峪為幹道，到處都可以登臨、遊覽、居止。這個景區正以其渾宏優美的山形而成為絶好的觀賞對象，又具有可遊、可居的特點。建築的佈置也相應地不求其顯但求其隱，不求其密集但求其疏朗，以此來突出山莊天然野趣的主調。因此，顯露的點景建築衹有四處——南山積雪、北枕雙峰、四面雲山、錘峰落照——均以亭子的形式出現在峰頭，構成山區制高點的網絡，俯瞰園內之景，觀賞園外借景均極佳妙。例如，位於山區西南的『錘峰落照』，專為觀賞日落前後的園外東面磬錘峰的借景而建置。其餘的小園林和寺廟建築群一般都建在幽谷深壑的隱蔽地段，它們依山就勢、巧於因借的設計，反映了我國山地建築藝術的高水平。山岳景區當年尚保留著大片的原始松樹林，松林是山區綠化的基調。主要的山峪『松雲峽』一帶盡是鬱鬱蒼蒼的松樹純林，但也有用其他樹種的成林或叢植來強調某些局部地段的風致特徵的，如像『榛子峪』以種植榛樹為主，『梨樹峪』種植大片的梨樹，等等。

避暑山莊之內，天然風致突出、植物景觀所佔比重很大，這與建園之初就注意保護天然植被和後期的計劃種植都很有關係。據文獻記載，山莊內當年樹木花卉十分繁茂，品種也很多，而且善於以植物配置結合地貌環境和麋鹿、仙鶴等禽鳥來豐富園林景觀。主要的七十二景之中，有一半以上是與植物成景有關或以植物作主題的。在它的三大景區中，湖泊景區具有濃鬱的江南情調，平原景區宛若塞外景觀，山岳景區象徵北方的名山，乃是移天縮地、融冶薈萃南北風景於一園之內。蜿蜒山地的宮牆猶如萬里長城，園外有若衆星拱

圖一六　萬樹園

月的外八廟建築分別為藏、蒙、維、漢的民族形式。園內外的這整個渾然一體的大環境就無異於以清王朝為中心的多民族大帝國象徵。

山莊不僅是一座避暑的園林，也是塞外的一個政治中心，從它的地理位置和進行的政治活動來看，後者的作用甚至超過前者。乾隆就曾明白說過：『我皇祖建此山莊於塞外，非為一己之豫遊，蓋貽萬世之締構也』〔注一七〕。創設這樣一個園內外的大環境也正是為了在一定程度上渲染政治活動的氣氛，而作為民族團結和國家統一的象徵的創作意圖又是藉助於造園的規劃設計加以體現，並與園林景觀完美地結合起來，則更是難能可貴了。

圓明園

圓明園作為離宮御苑，建成於雍正年間。乾隆初，皇帝移居圓明園，對該園又進行第二次擴建。這次擴建也像避暑山莊一樣，是在原來的範圍內調整園林景觀，增加新的建築群組。它與此後在其東鄰和東南鄰建成的長春園和綺春園，合稱『圓明三園』（圖一七）。這是一座大型的人工山水園，佔地三五〇公頃。規模之大僅次于避暑山莊，而在北京的三山五園中則居於首位。它的內容之豐富也是三山五園之冠，乾隆帝曾譽之為『天寶地靈之區，帝王豫遊之地，無以踰此』。從西面的玉泉山和南面的萬泉莊引來活水，這兩股水系在園的西北角交匯流入園內，再從園東牆流出，結合園內許多天然泉眼，開闢了十分豐沛的水資源。三園的外圍宮牆全長大約十公里，設園門十九座，水閘五座。

圓明三園都是水景園，利用豐沛的水資源開鑿的人工水體佔園的總面積的一半以上，園林造景大部份是以水面為主題，因水而成趣的。挖池的土方用來堆築為崗阜島堤，總計約三百餘處，橫跨水面的各式木石橋樑共一百多座。三園都是由人工創設的山水地貌作為園林的骨架，但山水的佈置卻又各不相同：圓明園的水面，大、中、小相結合。大水面如廣闊的福海寬達六百餘米，中等水面如後湖寬二百米左右，具有較親切的尺度。其餘衆多的小水面，寬度均在四五十米至百米之間，是水景近觀的小品。迴環縈流的河道把這些大小水面串聯為一個完整的河湖水系，構成全園的脈絡和紐帶。提供了舟行遊覽和水路供應的方便。疊石和聚土而成的假山，與水系相結合，把全園分割為山復水轉、層層疊疊的近百處的自然空間。每個空間都經過精心的藝術加工，出於人為的寫意而又保持著野趣的風韻，其本身就是煙水迷離的江南水鄉的全面而精煉的再現，正所謂『誰道江南風景佳，移天縮地在君懷』〔注一八〕。這是平地造園的傑作，是把小中見大、咫尺丘壑的築山理水手法在約二百公頃的廣大範圍內連續展開，氣魄之大，遠非私家園林所能企及。長春園以一個大水面為主體，周圍崗阜迴環。利用洲、島、橋、堤將大水面劃分為若干不同形狀、有聚有散的水域。其水景的效果，於開朗中又透露親切幽邃的氣氛。綺春園則全部為小型水面結合崗阜穿插的集錦。可以這樣說，圓明三園是集中國古典園林平地造園的築山理水手法之大成。

三園之內，大小建築群總計一百二十餘處，其中的一部份具有特定的使用功能，如像宮殿、住宅、廟宇、戲樓、市肆、藏書樓、陳列館、船塢、碼頭以及輔助後勤用房等，大量的則是一般飲宴、遊賞的園林建築。建築物的個體尺度較外間同類型的建築要小一些，絶大多數的形象小巧玲瓏，千姿百態。設計上能突破官式規範的束縛，廣徵博採於北方和江南的民居，出現許多罕見的平面形狀如眉月形，卍字形、工字形、書卷形、口字形、田字形以及套環、方勝等。除極少數殿堂外，建築的外觀樸素雅致，少施或不施彩繪。因此，建築與園林的自然環境比較協調。而室內的裝飾、裝修和陳設卻非常富麗堂皇，以適應帝王宮廷生活的趣味。建築的群體組合更是極盡其變化之能事，一百二十多組建築群無一雷同，但又萬變不離其宗，都以院落的佈局作為基調，把中國傳統建築院落佈局的多變性發揮到了極致。它們分別與那些自然空間和局部山水地貌相結合，從而創造一系列豐富多彩、性格各異的『景點』。『景點』一般都以建築為中心，是建築美與自然美融糅一體的藝術創作，相當於小型的景區。這樣的景點在圓明園有六十九處，長春園、綺春園有五十四處，每一處分別予以景題命名（圖一八）。它們中的絶大多數都是具有相對獨立性的體形環境，無論設置牆垣與否，都可以視為獨立的小型園林即『園中之園』。因此而形成圓明三園的大園含小園、園中又有園的格局。這些小園林利用築山理水所構成的局部地貌與建築的院落空間穿插嵌合而求得多樣變化的形式，它們之間有曲折的水系和道路相聯絡，對景、透景、障景的安排則構成一種無形的聯係。通過這些有形的聯絡和無形的聯係，很自然地引導人們從一處建築走向另一處建築，從這一個體形環境達到彼一個全然不同意趣的體形環境。這種復合空間的多樣化的園景『動觀』效果，較之單一園林空間的步移景異，其藝術感染力又自別具一格。

圓明三園的植物配置和綠化的具體情況已無從詳考。據現存乾隆年間的一通『蒔花碑』所記，由專門培植花木的花匠、園户三百餘人所經營的花圃內『露蕊晨開，香苞舞綻，嫣紅姹紫，如錦似霞……。二十四番風信咸宜，三百六十日花開似錦』，不少移自南方的花木經過馴化也在這裏繁育起來。據《日下舊聞考》載，有不少的景點是以花木作為造景的主要內容，如杏花春館的文杏、武陵春色的桃花、鏤月開雲的牡丹、濂溪樂處的荷蕖、天然圖畫的竹林、洞天深處的幽蘭等。四時不敗的繁花，配合著蓊鬱的樹木，潺潺流水，岸

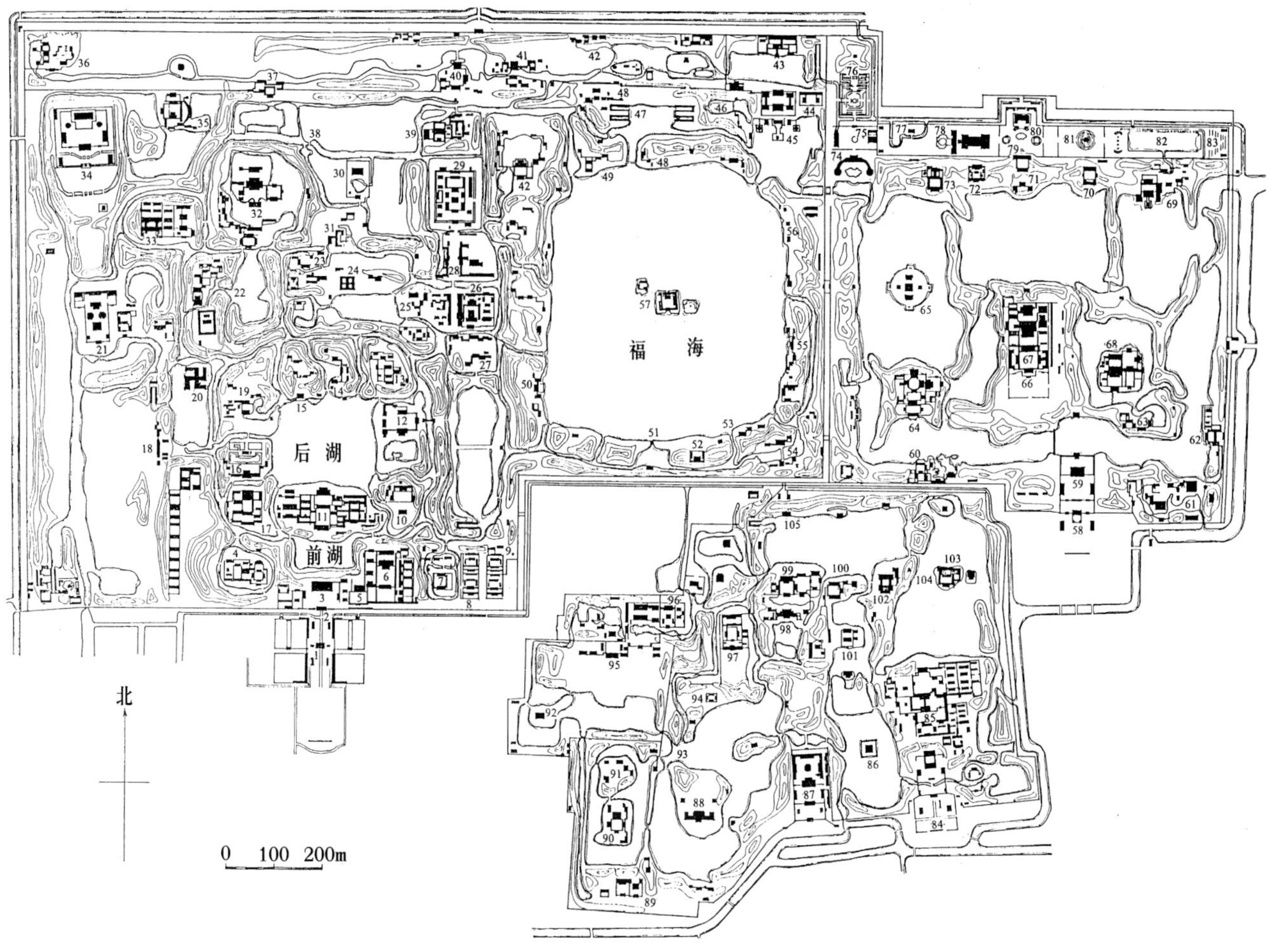

圖一七　乾嘉時期圓明三園平面圖

1-大宮門；2-出入賢良門；3-正大光明；4-長春仙館；5-勤政親賢；6-保和太和；7-前垂天貺；8-洞天深處；9-如意館；10-鏤月開雲；11-九洲清晏；12-天然圖畫；13-碧桐書院；14-慈雲普護；15-上下天光；16-坦坦蕩蕩；17-茹古涵今；18-山高水長；19-杏花春館；20-萬方安和；21-月地雲居；22-武陵春色；23-映水蘭香；24-澹泊寧靜；25-坐石臨流；26-同樂園；27-曲院風荷；28-買賣街；29-舍衛城；30-文源閣；31-水木明瑟；32-濂溪樂處；33-日天琳宇；34-鴻慈永祜；35-匯芳書院；36-紫碧山房；37-多稼如雲；38-柳浪聞鶯；39-西峰秀色；40-魚躍鳶飛；41-北遠山村；42-廓然大公；43-天宇空明；44-蕊珠宮；45-方壺勝境；46-三潭印月；47-大船塢；48-雙峰插雲；49-平湖秋月；50-藻身浴德；51-夾鏡鳴琴；52-廣育宮；53-南屏晚鐘；54-別有洞天；55-接秀山房；56-涵虛朗鑒；57-蓬島瑤臺(以上為圓明園)；58-長春園大宮門；59-澹懷堂；60-茜園；61-如園；62-鑒園；63-映清齋；64-思永齋；65-海岳開襟；66-含經堂；67-淳化軒；68-玉玲瓏館；69-獅子林；70-轉香房；71-澤蘭堂；72-寶相寺；73-法慧寺；74-諧奇趣；75-養雀籠；76-萬花陣；77-方外觀；78-海晏堂；79-觀水法；80-遠瀛觀；81-線法山；82-方河；83-線法牆(以上為長春園)；84-綺春園大宮門；85-敷春堂；86-鑒碧亭；87-正覺寺；88-澄心堂；89-河神廟；90-暢和堂；91-綠滿軒；92-招涼榭；93-別有洞天；94-雲綺館；95-含暉樓；96-延壽寺；97-四宜書屋；98-生冬室；99-春澤齋；100-展詩應律；101-莊嚴法界；102-涵秋館；103-鳳麟洲；104-承露臺；105-松風夢月(以上為綺春園)

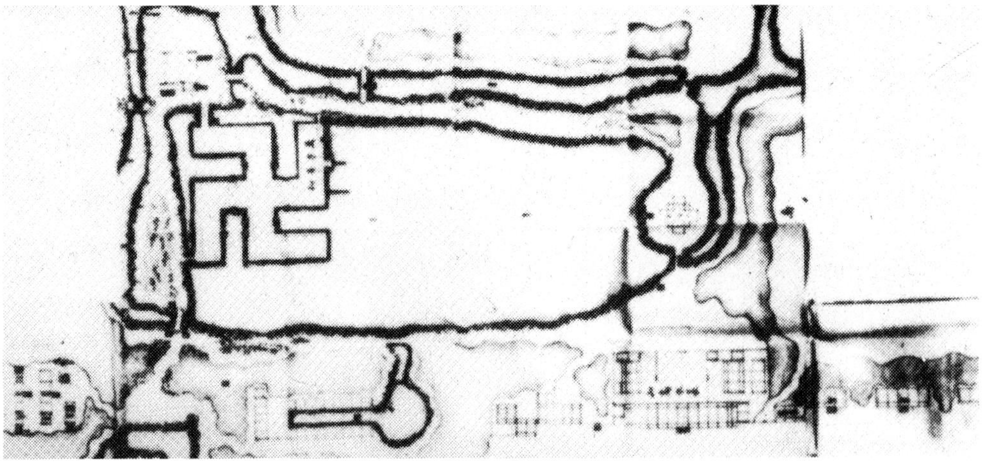

圖一八　『萬方安和』畫樣

芷汀蘭，鳥語蟲聲，那一派宛若大自然的生態環境，是可想而知的。

圓明雖為三園，卻是一個有機的整體，其中的綺春園為小園林的連綴，多次利用舊園擴建，因而佈局上並不拘泥一定的章法，圓明、長春二園則在總體規劃上具有各自的特色，園林的功能亦不盡相同。

圓明園西半部的中路是三園的重點所在，包括宮廷區及其中軸線往北延伸的前湖後湖景區。後湖沿岸周圍九島環列，每一個島也就是一處景點，最大一處名叫九洲清晏。這九處景點呈九島環列的佈局乃是『禹貢九洲』的象徵，它居於圓明園中軸線盡端並以大建築群『九洲清晏』為中心，則又有『普天之下，莫非王土』的寓意。前湖後湖景區的東、北、西三面分佈著二十九個景點有如眾星拱月，絕大部份在北面，形成小園林集群。東半部是以福海為中心的一個大景區。福海的水面遼闊，中央的蓬島瑤臺三島鼎列的佈置象徵傳說中的東海三仙山。福海的四週及外圍，崗阜穿錯、水道縈迴，分佈著近二十處景點。沿北宮牆則是狹長形的單獨一個景區，一條河道從西到東蜿蜒流過。河道有寬有窄，水面時開時合。十餘組建築群沿河建置，顯示水村野郵居的風光。

長春園的面積不到圓明園的一半，分為南、北兩個景區。南景區佔全園的絕大部份，大水面以島堤劃分為若干水域，位於中央大島上的淳化軒是全園的主體建築群。其他的大小十八個景點，或建在水中，或建在島上，或沿岸臨水，都能夠因水成景、因地制宜，各具匠心。南景區的建築比較疏朗。從遺址的現狀看來，山水佈局、水域劃分均很得體，尺度合宜，不失為北方園林中的上品之作。在造園藝術上，比之圓明園要高出一籌。北景區即『西洋樓』，包括六幢西洋建築物、三組大型噴泉，若干庭園和點景小品，沿著長春園的北宮牆成帶狀展開。明末清初，天主教在中國的傳教事業已經有所開展，教士們往往利用西方的天文曆算、科學技術以及繪畫藝術，作為他們進行宗教活動的輔助手段，康熙帝就曾經向他們學習過這方面的知識。乾隆年間，教士多有以繪畫技藝而供職內廷如意館的，乾隆帝出於獵奇的心理，乃命兼通建築和造園術的幾位歐洲籍教士主持建成長春園內的北景區。其中的六幢建築物均為十八世紀中葉盛行於歐洲的巴洛克風格的宮殿式樣，園林規劃採用歐洲規整式的方法，突出表現了軸線控制、均齊對稱的特點。但東西方向上的軸線非一眼望穿而是以建築劃分為有節奏的三段，這就融糅了中國院落佈局的手法。西洋樓總的説來是一組歐式宮殿和園林，但從規劃到細部處理又都吸收了許多中國的手法（圖一九）。應該説，它是以歐洲風格為基調、融匯了部份中國風格的作品。這裏邊既凝聚著歐洲傳教士的心血，也包含中國匠師的智慧和創造的結晶，是把歐洲和中國這兩個建築體

圖一九　西洋樓的遠瀛觀遺跡

系和園林體系加以結合的首次創造性的嘗試。這在中西文化交流方面，是有一定歷史意義的。

頤和園

頤和園的前身『清漪園』，始建於乾隆十五年（一七五〇年）。熱中於園林享受之樂趣的乾隆帝，很早就看中了位於北京西北郊平原腹心地帶的萬壽山昆明湖這個理想的造園基址。於是，便借在萬壽山上修建大報恩延壽寺為皇太后祝壽和疏浚昆明湖整治西北郊水系的機會，拓寬昆明湖的水面，繞經萬壽山西麓再連接於北麓開挖的後湖而形成山嵌水抱的地貌，同時開始了大規模的園林建設，於乾隆二十九年（一七六四年）竣工。這是一座大型天然山水園，也是北京西北郊的『三山五園』中最後建成的一座行宮御苑，佔地面積二九〇公頃（圖二〇）。

萬壽山東西長約一千米，山頂高出於地面六〇米。昆明湖南北長一九三〇米，東面寬處一六〇〇米，在清代皇家諸園中要算最大的水面了。湖的西北端收束為河道，繞經萬壽山的西麓而連接於後湖；南端收束於繡綺橋，連接於長河。湖中佈列著一條長堤——西堤及其支堤，三個大島——南湖島、藻鑒堂、治鏡閣，以及三個小島。

清漪園的總體規劃是以杭州的西湖作為藍本，昆明湖的水域劃分、萬壽山與昆明湖的位置關係、西堤在湖中的走向以及周圍的環境都很像杭州西湖。關於這一點，乾隆《萬壽山即事》一詩可為佐証：『背山面水地，明湖倣浙西；琳瑯三竺宇，花柳六橋堤』。為了擴大昆明湖的環境範圍，湖的東、南、西三面均不設宮牆。因此，園內園外之景得以聯為一片。玉泉山、玉河與昆明湖、萬壽山構成一個有機的風景整體，很難意識到園內園外的界限。

宮廷區建置在園的東北端，東宮門也就是園的正門，往東有御道通往圓明園。宮廷區以西便是廣大的苑林區，以萬壽山山脊為界又分為南北兩個景區：即前山前湖景區和後山後湖景區。

前山前湖景區佔全園面積的百分之八十八，前山即萬壽山南坡，前湖即昆明湖。山屏列於北，湖橫陳於南，西面襯托著玉泉山和遠處西山的層巒疊嶂，這是一個自然環境極其開朗的景區。前山面南，有很好的朝向和開闊的視野，位置又接近宮廷區和東宮門，因而成為景區內的建築薈萃之地。建置在前山中央部位的大報恩延壽寺，其殿宇建築群以石砌高臺之上的佛香閣為中心，從山腳延展到山頂，密密層層地將山坡覆蓋住，構成縱貫前山南北的一條明確的中軸線，也是前山中部的一組龐大的中央建築群。佛香閣通高三六米

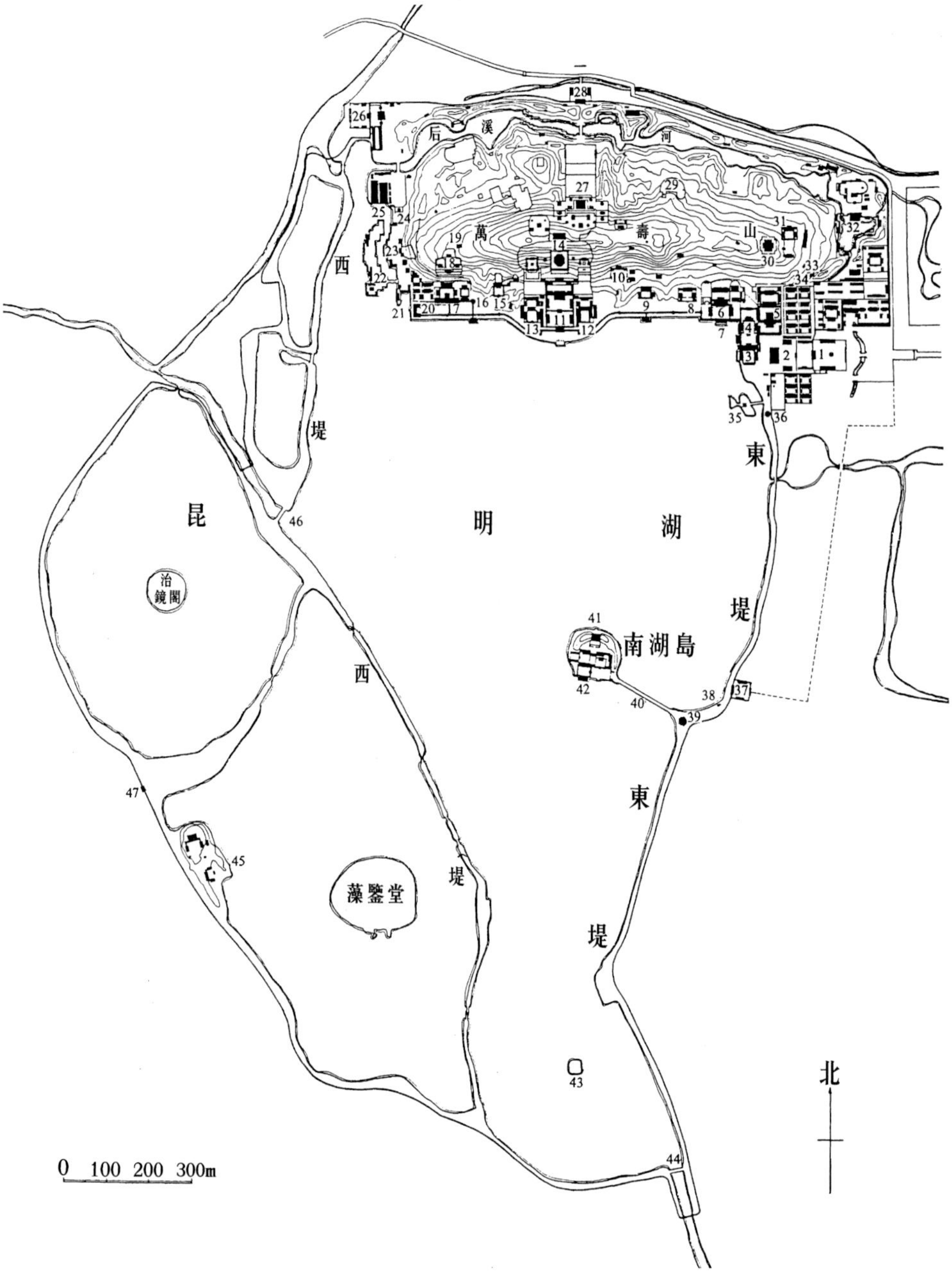

圖二〇　頤和園（清漪園）平面圖

1-東宮門；2-仁壽殿；3-玉瀾堂；4-宜芸館；5-德和園；6-樂壽堂；7-水木自親；8-養雲軒；9-無盡意軒；10-寫秋軒；11-排雲殿；12-介壽堂；13-清華軒；14-佛香閣；15-雲松巢；16-山色湖光共一樓；17-聽鸝館；18-畫中遊；19-湖山真意；20-石丈亭；21-石舫；22-小西泠；23-延清賞；24-貝闕；25-大船塢；26-西北門；27-須彌靈境；28-北宮門；29-花承閣；30-景福閣；31-益壽堂；32-諧趣園；33-赤城霞起；34-東八所；35-知春亭；36-文昌閣；37-新宮門；38-銅牛；39-廓如亭；40-十七孔長橋；41-涵虛堂；42-鑒遠堂；43-鳳凰礅；44-繡綺橋；45-暢觀堂；46-玉帶橋；47-西宮門

圖二一　前山中央建築群

餘，是園內體量最大的建築物。它巍然雄踞山半，攢尖寶頂超過山脊，顯得器宇軒昂、凌駕一切，成為整個前山前湖景區的構圖中心。石臺的東、西、北三面順坡勢堆疊山石，真山上構築假山，目的在於改造局部地貌、渲染佛寺本身的園林氣氛。假山內的洞穴蜿蜒穿插於山道間，作為宮監的往來通道。疊石的技法雖稍遜於西苑北海瓊華島，但仍不失為北方園林假山的鉅制。

中央建築群之於前山景觀，猶如濃墨重彩的建築點染，意在彌補、掩飾前山山形過於呆板、較少起伏的缺陷，同時也起到了作為前山總的建築佈局的構圖主體和重心的作用。它的東、西兩側的山坡上疏朗地散佈著十餘處景點，建築的體量較小，形象較樸素而多樣，佈置靈活自由。其中，有小園林，有院落建築群，有單體建築物，還有一些零星的點景亭榭、小品等。它們從前山的東、西兩面烘托著中央建築群，通過對比，後者愈顯其端莊典麗的皇家氣派。在前山南麓沿湖岸建置長廊，全長七二八米，可算是中國園林裏面最長的遊廊了。長廊既是遮陽蔽雨的遊覽路線，也是前山重要的橫向點景建築。它與沿岸的漢白玉石欄杆共同鑲嵌前山的岸腳，前山整體彷彿托起於水面的碧玉，益發顯示出它的精雕細琢之美（圖二一）。

昆明湖廣闊的水面，由西堤及其支堤劃分為三個水域。東水域最大，它的中心島嶼南湖島以一座十七孔的石拱橋連接東岸。島上靠東為龍王廟『廣潤祠』，靠西為澹會軒。靠北臨水疊石、築臺，上建三層高閣望蟾閣摹擬武昌的黃鶴樓，它與前山的佛香閣隔水遙相呼應成對景。南湖島的平面略成圓形如滿月，再從島上主要建築物望蟾閣、月波樓等的命名看來，顯然是以表現月宮仙境作為造景主題。登上望蟾閣，可以環眺四面八方之景，尤以北面的萬壽山全景和西面的玉泉山西山借景最為佳妙（圖二二），氣魄之大猶如長卷山水畫，這在清代皇家諸園中也是罕見的。島之南另有小島『鳳凰墩』，則是摹擬無錫大運河中的小島黃埠墩之景。再南為繡綺橋，過此即進入長河。西堤以西的兩個水域較小，亦各有中心島嶼。靠南的一個是昆明湖中最大的島嶼，南岸建藻鑒堂，堂前臨水為春風啜茗臺，乾隆經常坐船到此賞景、品茗。靠北的另一大島形象別致，水中兩層圓形城堡之上建三層高閣治鏡閣。漫長的西堤自北逶迤而南縱貫昆明湖中，堤上建六座橋樑摹擬杭州西湖的『蘇堤六橋』。其中的一座為石拱橋即著名的玉帶橋。西堤南半段建樓閣景明樓，則是摹擬洞庭湖濱岳陽樓的煙水迷離之境。昆明湖如果略去西堤不計，水面三大島鼎列的佈局很明顯地表現皇家園林『一池三山』的傳統模式。如果說，兩千多年前西漢的建章宮是中國歷史上的第一座具備一池三山的仙苑式皇家園林，那麼，頤和園便是最後一座，也是碩

圖一二一　自南湖島眺望玉泉山之借景

果僅存的一座了。

昆明湖東岸，十七孔橋以北為鎮水的『銅牛』，它與湖西岸的一組大建築群『耕織圖』成隔水相對之態勢。此種規劃構思再現了漢武帝在長安上林苑開鑿昆明池以象江海、雕刻牽牛織女隔湖相望以象天漢的寓意，源出於古老的『天人感應』的思想和牛郎織女的神話。西岸的《耕織圖》建築群之中，延賞齋兩廡壁上嵌石刻《耕織圖》，蠶神廟供奉蠶神，織染局是內務府養蠶、繅絲、織染錦緞的作坊，水村居是工人的住宅區。附近廣種桑樹，一則供應養蠶飼料，二則象徵帝王之重農桑。這些建築都隱蔽在西堤北端的水網密佈、河道縱橫、樹木蓊鬱的自然環境之中，極富於江南水鄉的情調。乾隆非常喜愛此處景觀，譽之為：『玉帶橋邊耕織圖，織雲耕雨學東吳』。

後山後湖景區僅佔全園面積的百分之十二。後山即萬壽山的北坡，山勢起伏較大；後湖即界於山北麓與北宮牆之間的一條河道。這個景區的自然環境幽閉多於開朗，故景觀亦以幽邃為基調。後山的東西兩端分別建置兩座城關——赤城霞起、貝闕，作為入山的隘口；中央部位建置大型佛寺須彌靈境，與跨越後湖中段的三孔石橋、北宮門構成一條縱貫景區南北的中軸線。

圖一二三　後湖

須彌靈境建築群坐南朝北。北半部為漢式建築共三層臺地：寺前廣場、配殿、大雄寶殿。南半部為藏漢混合式建築，倚陡峭山坡疊建在高約一〇米的大紅臺上，包括居中的香巖宗印之閣以及環列於其週圍的四大部洲殿、八小部洲殿、日殿、月殿、四色塔，它與承德普寧寺的北半部同一形制，兩者都是摹倣西藏紮囊縣的著名古寺桑耶寺，大約在乾隆二十三年（一七五八年）前後同時建成的一對姊妹作品。

後山的西半部和東半部散佈著十餘處景點建築群，此外尚有若干亭、榭、塔等單體建築。它們的體量都很小，各抱地勢，佈置隨宜。建築群均能結合於局部地形而極盡其變化之能事，其中的大多數都是自成一體的小園林格局。位於後山東麓的平坦地段上的惠山園和霽清軒則是典型的園中之園，惠山園以無錫名園寄暢園為藍本而建成，嘉靖年間改名諧趣園。

後湖又名後溪河，河道蜿流於後山北麓，全長約一千米，用浚河的土方堆築為北岸的土山，把北宮牆障蔽起來，彷彿山外尚有無限深遠的空間。其山勢起伏、岸腳凹凸，均與南岸的真山取得呼應，彷彿前者是後者的延伸，以至於真假莫辨，雖由人作而宛若天成。在這近千米的河道上，但凡兩岸山勢平緩的地方水面必開闊，山勢高聳夾峙則水面收聚，甚至形成峽口。利用多處的收、放，把河道的全程障隔為六個段落，每段水面形狀各不相同但都略近於小湖泊的比例。經過這種分段收束、化河為湖的精心改造之後，漫長的河身遂免於僵直單調的感覺，增加了開合變化的趣味（圖二三）。把自然界山間溪河的景象和各種人工建置，有節奏地交替展示出來。膾炙人口的陸遊詩句『山重水復疑無路，柳暗花明又一村』的意境，在這裏得到了充分的表現。後湖的中段，兩岸店鋪鱗次櫛比。這就是摹倣江南河街市肆的『後溪河買賣街』，又名蘇州街，全長二七〇米，成一個完整的水鎮格局。沿岸河街的店裏各行各業俱全，店面採用北京常見的牌樓、牌坊、拍子三種式樣。每逢帝后臨幸時，以宮監扮作店伙顧客，水上岸邊熙來攘往，不難設想當年的熱鬧景象。

清漪園的綠化和植物配置情況，根據乾隆《御製詩》的描述，在建園之初即保持原西湖的荷花和堤柳之盛；萬壽山則依靠從外地移栽樹木逐年經營，終於在短時期内把一座光禿的童山改變成為『疊樹張青幕，連峰濯翠螺』〔注一九〕的樹繁葉茂的狀態。前山以松柏樹的大片成林為主，取其『長壽永固』、『高風亮節』的寓意。後山則以松柏間栽多種落葉樹，如桃、杏、楓、櫟、槲、槐、柳之屬，突出季相之變化，還少量種植名貴的白皮松。沿湖岸和堤上大量種植柳樹，楊柳近水易於生長，與水光瀲灩相映襯最能表現宛若江南的水鄉景觀。西堤上除柳樹外，更以桃樹間植而形成一線桃紅柳綠的景色。前湖的三個水域都劃出一定範圍種植荷花，乾隆在《御製詩》中屢次提到湖上賞荷的情形。西北的水網地帶，岸上廣種桑樹，水面叢植蘆葦，水鳥成群出没於天光雲影中，更增益一派天然野趣的水鄉情調。在平坦地段上的建築物附近和庭院内，多種竹子和各種花卉，居住庭院内更是繁花似錦，樂壽堂的玉蘭花大片叢植號稱『香雪海』，當年曾譽滿北京。殿堂庭院則以松柏行植，間以花卉，綴以山石。

清漪園的曠奥兼備的湖山之美，再加之建築物恰如其份的點染，深得乾隆的贊賞，給予它以『何處燕山最暢情，無雙風月屬昆明』的極高評價。乾隆住在圓明園期間，經常到此遊覽，甚至返回北京大内亦往往不走陸路而故意繞道在清漪園水木自親碼頭下船，乘御舟穿過昆明湖循長河水路進城。

清漪園被英法聯軍焚毁之後就一直處於荒廢狀態。光緒二十四年（一八九八年），西太后動用海軍建設經費加以修復，改為頤和園，作為帝、后長期居住的離宮御苑。它仍然保持著清漪園的基本面貌，但修復的範圍由於經費支絀而一再壓縮。最後完全放棄後山、後湖和昆明湖西岸，集中經營前山、宮廷區、西堤、南湖島，并在昆明湖的沿岸加築宮牆。對於光緒重建後的頤和園如果僅就園林的總體規劃而論，似乎可以作出這樣的評價：第一，大體上沿襲清漪園的規劃格局，雖然已不完整但精華部分仍然保存，在一定程度上尚能夠代表清代皇家園林盛期的特點和成就。第二，總體規劃的某些局部變動、改建後的景點的經營和景觀的組織，大部份都遠遜於乾隆當年的藝術水平。這種情況固然由於西太后個人的原因，也是歷史的必然。

重建頤和園的時候，清王朝內憂外患頻仍，經濟上捉襟見肘，政治上風雨飄搖。主持重建事宜的西太后對造園藝術知之甚少，頤和園對她來説祇不過是要迫不及待地恢復的一處『頤養天年』、尋歡作樂的場所，自然不會像當年的乾隆那樣作為藝術創作來對待。同、光以後，我國的傳統園林藝術趨於没落的傾向日益顯著，造園活動中再也看不到康乾時期的那種開創進取的精神，由當年的高峰一落而為低潮。頤和園的重建也正好從側面反映了這樣一個由盛而衰的歷史過程。

三、清代宮廷造園的主要成就

避暑山莊、圓明園、頤和園是後期皇家園林的三大傑作，也可以作為清代宮廷造園活動主流的代表作品，其在造園藝術和技術上所取得的卓越成就固然有著特定的政治、經濟、文化背景的催化以及康熙、乾隆的個人促進因素，但也反映了千百年來一定程度的歷史的積淀和傳承。概括言之，這些成就大致可以歸納為六個方面。

其一，獨具壯觀的總體規劃

規模宏大是皇家氣派的突出表現之一，所以皇家造園藝術的精華都集中在大型的園林。完全在平地起造的『人工山水園』與利用天然山水而施以局部加工改造的『天然山水園』，由於建園基址的不同，則又相應地採取不同的總體規劃方式。大型人工山水園的橫向延展面極廣，但人工築山不可能太高峻，這種縱向起伏很小的尺度與橫向延展面極大的尺度之間的不諧調，對於風景式園林來説，將會造成園景過分空疏、散漫、平淡的情況。為了避免出現這樣的情況，園林的總體規劃乃運用化整為零、集零成整的方法，把大園林劃分為許多小景區，每個景區都由一個尺度比較小的山水空間，結合於一組建築群和花木配置而自成一個相對獨立的單元。這些景區各具不同的景觀主題、不同的使用功能、不同的建築形象。景區之間有曲折的道路和水系為之聯絡，更以『對景』『障景』而形成似隔非隔的聯係。如果大多數景區都具備自成一體的小園林的格局，這就成了大園含小園、園中又有園的『集錦式』的規劃，圓明園即是此種規劃方式的典型例子。

大型的天然山水園，情況又有所不同。

清王朝以關外的滿族入主中原，前期的統治者既有很高的漢文化素養，又保持著祖先的馳騁山野的騎射傳統。傳統的習尚使得他們對大自然山川林木另有一番感情，至少比明代那些長年蟄居宮禁的皇帝要深厚得多。此種感情必然會影響他們對園林的看法，在一定程度上左右皇家造園的實踐。康熙認為園林的最高境界應該是：『度高平遠近之差，開自然峰嵐之勢。依松為齋，則竅崖潤色；引水在亭，則榛煙出谷。皆非人力之所能，借芳甸為之助。』〔注二十〕乾隆也發揮過類似的議論。對於造園藝術既然持著這樣的見解，皇家又能夠利用政治上和經濟上的特權把大片天然山水風景據為己有，這就大可不必像私家園林那樣以『一勺代水，一拳代山』，濃縮天然山水於咫尺之地，僅作象徵性而無真實感的摹擬了。所以乾隆主持新建、擴建的皇家諸園中，大型天然山水園不僅數量多、規模大，而且更下功夫刻意經營。對建園基址的原始地貌進行精心的加工改造，調整山水的比例、聯屬、嵌合的關係，突出地貌景觀的幽邃、開曠的穿插對比，保持並發揚山水植被所形成的自然生態環境的特徵；並且還力求把我國傳統的風景名勝區的那種以自然景觀之美而兼具人文景觀之勝的意趣再現到園林中來。這就是清代皇家園林在繼承唐、宋以來天然山水宮苑傳統的基礎上所開創的另一種規劃方式——園林化的風景名勝區。避暑山莊的山區、平原區和湖區，分別把北國山岳、塞外草原、江南水鄉的風景名勝薈集於一園之內，如果不計周圍漫長的宮牆，則整個園林就無異於一處兼具南北特色的風景名勝區了。香山靜宜園相當於一處具有『幽燕沉雄之氣』的典型的北方山岳風景名勝；玉泉山靜明園摹擬蘇州的靈巖山；清漪園的萬壽山、昆明湖則以著名的杭州西湖作為規劃的藍本。為了擴大摹擬的範圍，甚至一反皇家園林的慣例，沿湖均不建置宮牆。

這些大型皇家園林的規劃，並不僅局限在園林本身，而且還擴大到園牆之外，著眼於週圍環境全局來作出通盤的處理。避暑山莊外圍的武烈河以東、獅子溝以北的群山，以及山坡上佈列著衆多壯麗的寺廟——『外八廟』，有如衆星拱月，看來這個環境的規劃是有意識地以園外群山以及『外八廟』，作為山莊的背景烘托和『借景』的主題，因而園內園外之景得以渾然融為一體。再如北京西北郊平原上的『三山五園』，西面以香山靜宜園為中心形成小西山東麓的風景小區，東面為萬泉莊水系流域內的圓明、暢春等大小人工山水園林，玉泉山靜明園和萬壽山清漪園則居於腹心部位。靜宜園的宮廷區、玉泉山主峰、清漪園的宮廷區三者構成一條東西向的中軸線，再往東延伸交匯於圓明園與暢春園之間的南北軸線的中心點。這個軸線系統把三山五園串綴成為整體的園林集群（圖一一）。這樣的佈局態勢打破了單體園林的界域，顯示了西北郊整體的環境美，同時也為三山五園之間的互相借景、彼此成景創造了良好的條件。

其二，突出建築形象的造景作用

從康熙到乾隆，皇帝在郊外園居的時間愈來愈長，園居的活動內容愈來愈廣泛，相應地就需要增加園內建築的數量和類型。因此，乾隆時期皇家園林的建築份量就普遍較前增多。加之當時發達的宮廷藝術逐漸形成了注重程式化、講究技巧和形式美的風尚，宮廷的藝術風尚勢必影響及於皇家園林。匠師們也就因勢利導，利用園內建築份量的加重而更有意識地突出建築的形式美的因素，作為表現園林的皇家氣派的一個主要手段。宋代的宮苑中，就已重視建築的造景作用，著名的艮岳便是一例。乾隆時的皇家園林又把這一傳統加以發展，園林建築的審美價值被推到了新的高度。就園內局部的景域或景區而言，建築有極疏朗的，有非常密集的，但大部份的成『景』都離不開建築；凡重要的『景』都由皇帝命名題署，如圓明園的三十六景、避暑山莊的七十二景等。就園林的總體而言，建築的作用在於點染、補充、剪裁、修飾天然山水風景，使其凝煉生動而臻於畫意的境界，但建築的構圖美卻始終是諧調、從屬於天成的自然美而不是相反。

建築的造景作用，主要通過它的個體和群體的外觀形象、群體的平面佈置和空間組合而顯示出來。清代皇家園林的建築幾乎包羅了我國古典建築個體的全部型式，某些型式又適應於不同的造景要求而創為多樣的體裁。建築群的平面佈置變化豐富卻又萬變不離其宗，都是以傳統的院落作為基本單元。建在山地、坡地、臺地等地段上的建築群，還著重經營豎向的空間組合，順應地形之起伏而顯示它們的外輪廓形象的高低錯落、活潑生動的藝術魅力。在園林的總體規劃方面，很講究建築佈局的隱、顯、疏、密的安排。但凡幽邃地段，建築力求其隱蔽，若是建築群則空間多為內聚的組合，以表現一種含蓄的意境；但凡開曠的地段，建築力求其顯露，若是建築群則空間多為外敞的組合，以發揮建築的『點景』即點綴此處風景，以及『觀景』即觀賞他處風景的作用。避暑山莊的山岳區外貌豐富，內涵廣博，山雖不高峻但氣勢渾厚飽滿，為了保持這種山林野趣，建築大多負坳臨崖或架巖跨澗，取隱蔽的佈置。僅在山脊和山頭的四個制高點上建置小體量的亭子之類，略加點染。玉泉山平地突起，山形輪廓秀美，故建築的點染也是惜墨如金。而在它的東面的萬壽山，山形輪廓呆板、少起伏之勢，中央建築群的點染則與前者相反，採取濃墨重彩的密集方式，以建築的構圖組合來彌補、掩飾山形的先天缺陷。同樣是山，建築佈局的手法卻大不一樣。總之，都能因地制宜，力求建築美與自然美的彼此糅合、烘托而相得益彰。

建築本身的風格也在很大程度上代表著皇家園林的風格，但這種風格亦非千篇一律。如果說，避暑山内莊的建築為了諧調於塞外『山莊』的情調，更多地表現其樸素淡雅的外觀，而作為外圍背景襯托的外八廟，卻是輝煌宏麗的『大式』建築，就環境全局而言仍不失雍容華貴的皇家氣派。西苑是大內御苑，它的建築就更為富麗堂皇，具有更濃鬱的宮廷色彩。頤和園則介乎兩者之間，在顯要的部位，一律為『大式』做法，其他的地段上則多為皇家建築中最簡樸的『小式』做法，以及與民間風格相融糅的變體；正是這些變體建築的點綴，使得整個園林於典麗華貴中增添了不少樸素、淡雅的民間鄉土氣息。

其三，全面汲取江南園林的意趣

江南的私家園林發展到了明代和清初，以其精湛的造園技巧、濃鬱的詩情畫意和工細雅致的藝術格調，而成為我國封建社會後期園林史上的另一個高峰。北方園林之摹倣江南，早在明代中葉已見端倪。清初，江南著名的造園家張然來到北京為官僚士大夫構築私園多處，康熙年間奉詔為西苑的瀛臺、玉泉山靜明園堆疊假山，稍後又與江南畫家葉洮共同主持暢春園的規劃設計，江南造園技藝開始引進皇家的御苑。

對江南園林藝術和技術的更全面、更廣泛的吸收則是乾隆時期。乾隆帝六下江南，以他的文化素養和對園林藝術的喜愛，身處園林精華薈萃之鄉自會流連傾羨、贊賞不已。贊賞之餘，也必然要生發出佔有的慾望。這種傾羨之情和佔有欲望，在客觀上促成了康熙以來宮廷造園之摹擬江南、效法江南的高潮。把北方和南方、皇家與民間的造園藝術來一個大融匯，達到了前所未見的廣度和深度，因此而大為豐富了北方園林的內容，提高了北方園林的技藝水平。這種情況主要表現為：

一、引進江南園林的造園手法。——在保持北方建築傳統風格的基礎上大量使用遊廊、水廊、爬山廊、拱橋、亭橋、平橋、舫、榭、粉牆、漏窗、洞門、花街鋪地等江南常見的園林建築形式，以及某些小品、細部、裝修，大量運用江南各流派的堆疊假山的技法，但疊山材料則以北方盛產的青石和北太湖石為主。臨水的碼頭、石磯、駁岸的處理，水體的開合變化，以平橋劃分水面空間等，也都借鑒於江南園林。此外，還引種馴化南方的花木。但所有這些，都不是簡單的抄襲，而是結合北方的自然條件，使用北方的材料，適應北方的鑒賞習慣的一種藝術再創造。其結果，宮廷園林得到民間養份的滋潤而大為開拓了藝術創作的領域，在講究工整格律、精緻典麗的宮廷色彩中融入了江南文人園林的自然樸質、清新素雅的詩情畫意。

二、再現江南園林的主題。——清代皇家園林裏面的許多『景』，其實就是把江南園林的主題在北方再現出來，也可以說是某些江南名園在皇家御苑內的變體。例如：獅子林是蘇州的名園，元代畫家倪雲林曾繪《獅子林圖》，表現的重點在突出疊石假山和參天古樹的配合成景。北京的長春園和承德的避暑山莊內也分別摹擬建成小園林亦名『獅子林』，它們並不完全一樣，也都不同於蘇州的獅子林，但在以假山疊石結合高樹茂林作為造景主題這一點上卻是一致的。所以說，長春園、避暑山莊的獅子林乃是再現蘇州獅子林的造景主題的兩個變體。避暑山莊湖區的金山亭和西苑瓊華島北岸的漪瀾堂，都是在不同情況下再現鎮江金山和北固山的江天一覽的勝概。清漪園的長島『小西泠』一帶，則是摹擬揚州瘦西湖『四橋煙雨』的構思。凡此等等，不勝枚舉。這種以一個主題而創作成為多樣變體的方法，對於擴大、豐富皇家園林的造景內容起到了很重要的作用。

三、具體倣建名園。——以某些江南著名的園林作為藍本，大致按其規劃佈局而倣建於御苑之內，例如圓明園內的安瀾園之倣海寧陳氏園；長春園內的茹園之倣江寧瞻園；避暑山莊內的文津閣之倣寧波天一閣；而最出色的一例則是清漪園內的惠山園之倣無錫寄暢園。但即使倣建亦非單純摹倣，用乾隆的話來說乃是『略師其意，就其自然之勢，不捨己之所長』，重在求其神似而不拘泥於形似，是運用北方剛健之筆抒寫江南柔媚之情的一種更為難能可貴的藝術再創造。

其四，駁雜多樣的象徵寓意

雍、乾時期，皇權的擴大達到了中國封建社會前所未有的程度。御苑既然是皇家建設的重點項目，則園林藉助於造景而表現天人感應、皇權至尊、綱常倫紀等的象徵寓意，就比以往的範圍更廣泛、內容更駁雜。自漢、唐以來在皇家園林裏面運用的傳統象徵性造景手法到乾隆時又得以進一步地發展，甚至涵蓋園林整體。例如，圓明園後湖的九島環列象徵『禹貢九洲』，九洲居中，東面的福海象徵東海，西北角上的全園最高的土山『紫碧山房』象徵昆侖山，則整個園林無異於我國古代所理解的世界範圍的縮影，從而間接地表達了『普天之下莫非王土，率土之濱莫非王臣』的寓意。再如，避暑山莊的外圍環繞著各兄弟民族建築樣式互相融糅的『外八廟』有如衆星拱月，則更以環園的佈局作為多民族封建大帝國——天朝的象徵。而園林裏面的許多『景』，都是以建築形象結合局部景域而構成了五花八門的摹擬：蓬萊三島、仙山瓊閣、梵天樂土、文武輔弼、龍鳳配列、男耕女織、銀河天漢等等，則又是寓意於歷史典故、宗教和神話傳說的一種象徵手法。此外，還有藉助於景題命名等文字手段，直接表達出某些特定寓意的，如『廓然大公』、『涵虛朗鑒』、『九洲清晏』、『澹泊寧靜』、『蓮溪樂處』等，那就多得不勝枚舉了。諸如此類的象徵寓意，大抵都伴隨著一定的政治目的而構成了皇家園林的『意境』的核心，也是儒、道、釋作為封建統治的精神支柱之在造園藝術上的集中反映；正如私家園林的『意境』的核心，乃是文人士大夫的不滿現狀、隱逸遁世的情緒之在造園藝術上的曲折反映一樣。

其五，大量建置寺、觀、祠廟

在皇家園林內建置寺、觀、祠廟，尤以佛寺為多。幾乎每一座稍大的園林內都有不止一所的佛寺，個別的規模之大、規格之高，并不亞於當時的第一流敕建佛寺。有的佛寺成為一個景域或主要景區內的主景，甚至全園的重點和構圖中心。這固然由於清王朝的滿族統治者以標榜崇弘佛法來鞏固自己的統治地位，而與當時為團結、籠絡蒙、藏上層人士以確保邊疆防務、多民族國家的統一的政治目的也有更直接的關係。清初，沙皇俄國向遠東擴張，鯨吞蠶食我國東北和漠北的領土，並經常挑唆蒙族上層貴族中的某些敗類大搞民族分裂活動，作亂邊疆，危及內地。康熙、乾隆年間，厄魯特蒙古的准噶爾部兩度勾結沙俄，公開叛變。清廷調動大量軍力，叛亂纔得以平息。乾隆帝深知欲確保邊疆安寧、維護國家統一，必須團結、籠絡蒙、藏上層人士。蒙、藏人民信仰喇嘛教（藏傳佛教），乾隆乃十分重視利用宗教作為一種政治手段來達到團結蒙藏兄弟民族，特別是居住在祖國北部和西北部邊疆的蒙族各部的目的。他在位的六十年間，不僅在蒙、藏地區大力扶持喇嘛教，還在內地的五臺山、北京、承德等地修建許多喇嘛教佛寺，其中不少就建在皇家園林內，著名的如靜宜園內的『昭廟』、頤和園內的『須彌靈境』等。正由於這種種原因，乾、嘉時期皇家園林內佛寺之盛遠遠超過上代，有些園林甚至可以視為寺觀園林與皇家園林的復合體。

其六，園林與其大環境的密切關係

大環境即園林以外的週圍的廣大建築環境和自然環境。皇家園林本身雖然是封閉的、內向的，但它們的選址和規劃卻並非局限於園林本身的考慮，而是更多地著眼於與其週圍的大環境的密切關係，即：一、大內御苑與首都城市建築環境的關係；二、行宮、離宮御苑與郊野地帶自然環境的關係。

北魏洛陽形成我國皇都規劃的模式，自此以後，大內御苑緊鄰大內之後而成為城市中軸線的重要組成部份，就城市中軸線上的建築大環境而言，大內御苑能夠滿足遊憩甚至軍事防衛的功能要求，作為中軸線建築空間序列的收束，則又加強了序列的節奏感從而發揮其審美的作用。明、清北京城的中軸線上，其北端的景山和御花園便具備這樣的功能和作用；而景山的平地突起，成為全城建築環境的制高點，則更強調了中軸線空間序列收束的份量。近郊的皇家園林建設，能夠與都城外圍的大自然環境在功能、生態、審美諸方面形成綜合的諧調關係，還結合於水利工程而同時解決都城的供水問題，客觀上發揮了巨大的社會效益。早在西漢時，長安的宮苑建設即已開始了這個優良傳統，而清代北京的三山五園的規劃經營則堪稱典型的一例。

北京西北郊的三山五園作為一個園林集群的總體規劃情況以及著眼於西北郊大環境全局而作出的通盤考慮，上文已有論述，此不贅。在園林建設與西北郊水系整理相結合方面，也是卓有成效的。

乾隆初年，西北郊皇家園林建設頻繁，水源已有不足之虞。為了徹底解決與日俱增的宮苑供水和大運河上源通惠河的接濟問題，乃於建設清漪園和靜宜園的同時，對西北郊的水系進行了大規模的整治。攔蓄西山、香山一帶的大小山泉和澗水使之匯入昆明湖中，利用清漪園和玉泉山的理水而拓寬昆明湖作為蓄水庫，開鑿高水湖和養水湖作為輔助水庫，並安設相應的閘涵設施，疏浚長河，由昆明湖把足夠的水量引導進城內再匯入通惠河，形成玉泉山水系。玉泉山水系與流經暢春園的萬泉莊水系交匯於園明園的西北隅，往東流入清河。經過這一番整治之後，昆明湖的蓄水量大為增加，北京西北郊最終形成了一套完整的、可以控制調節的供水系統。它保証了宮廷、園林足夠用水，補給大運河的上源，也收到了農業灌溉的效益，同時還創設了一條由北京城直達玉泉山靜明園的皇家專用水上遊覽路線。這個成就所帶來的環境效益是巨大的，它有效地維護、合理地利用西北郊的生態資源、風景資源，而且還把城郊的綠化通過長河沿岸而延伸、楔入城內，連接於城內的六海（西苑的前三海和什刹海的後三海）綠化，構成北京的獨特的園林綠化體系。這個綠化體系對於北京城市環境質量的改善所起的巨大作用，至今仍然發揮著。

上述六方面的宮廷造園的主要成就，也是中國皇家園林歷經千百年來的持續發展，最後臻於高峰境地時所表現的主要特點。具有這些特點，皇家園林作為一個類型得以顯示其不同於私家園林、寺觀園林的獨特性格。由於這些特點所展現的皇家氣派的形象，皇家園林也就理所當然地成為後期宮廷文化的一個重要的組成部份了。

〔注一〕《三輔黃圖》引《三輔故事》
〔注二〕《三輔黃圖》引《三輔古語》
〔注三〕《太平寰宇記》卷二十五
〔注四〕《西京雜記》
〔注五〕《漢書・郊祀誌》顏師古注
〔注六〕《太平御覽》引《南朝宮苑記》
〔注七〕《陳書・皇后列傳》附張貴妃傳
〔注八〕徐松・《唐兩京城坊考》
〔注九〕《唐書・薛元超傳》・『高宗詔，太子射獵得入禁苑』
〔注一〇〕宋敏求・《長安誌》
〔注一一〕張洎・『賈氏談錄』
〔注一二〕杜甫・《哀江頭》
〔注一三〕田汝成・《西湖遊覽誌》
〔注一四〕吳自牧・《夢粱錄》
〔注一五〕康熙・《避暑山莊記》，見《熱河誌》卷二十五。
〔注一六〕康熙・《天宇咸暢》詩序・見《熱河誌》卷二十八。

〔注一七〕乾隆·《避暑山莊百韻》詩序·見《燕河誌》卷二十五。
〔注一八〕王闓運·《圓明園宮詞》
〔注一九〕乾隆·《首夏萬壽山》·見《清高宗純皇帝御製詩》卷二十八。
〔注二〇〕康熙·《避暑山莊記》·見《熱河誌》卷二十五。

圖版

一 瓊華島遠觀

二 瓊華島近觀
三 永安寺白塔(左圖)

四 迎旭亭

五 瓊島春陰碑

六 瓊華島上小亭

七 仙人承露盤

八 倚晴樓

九 北海東岸園路

一〇 濠濮间

一一 五龍亭遠視

一二 五龍亭近視

華藏界

一三　西天梵境前琉璃牌樓（右圖）
一四　西天梵境山門

一五 九龍壁

一六 自五龍亭望瓊華島及景山

一七 自北海遠望景山

一八 碧鲜亭

一九 沁泉廊

二〇 靜心齋東部景觀

二一 自靜心齋東端西望景觀

二二 自靜心齋北牆南望景觀

二三 北牆爬山廊

二四 自靜心齋爬山廊南望景觀

二五 静心齋中望景山

二六 自疊石山上南望枕巒亭（前頁左圖）
二七 枕巒亭（右圖）
二八 靜心齋疊石（上圖）

二九 瓊華島上俯視團城

三〇 團城承光殿

三一 團城白皮松

三二 自北海遥望中海

三三 御花園

三四 御花園欽安殿

三五 御景亭

三六 萬春亭（右圖）
三七 千秋亭

三八 萬春亭屋頂寶頂

三九 千秋亭屋頂寶頂

四〇 養性齋

四一 浮碧亭
四二 凝香亭（左圖）

四三 御花園的疊石

四四 御花園鋪石路面（上圖）

四五 御花園散置的立石盆景（右圖）
四六 諸葛亮拜北斗殞石盆景

四七 遠古木化石立石（右圖）
四八 寧壽宮花園

四九 禊賞亭

五〇 禊賞亭内流杯渠

五一 古華軒
五二 古華軒内景（後頁）

五三 撷芳亭

五四 碧螺亭

五五 雲山勝地樓

五六 雲山勝地樓近景

五七 萬壑松風

五八 卷阿勝境

五九 水心榭

六〇 水心榭晨景

六一 月色江聲南面全景

六二 月色江聲東面景觀

六三 月色江聲迴廊

六四 芝徑雲堤

六五 如意洲延薰山館西面

六六 如意洲金莲映日

六七 如意洲觀蓮所

六八 如意洲滄浪嶼

六九 湖區景色

七〇 環碧遠觀

七一 環碧近景

七二 煙雨樓遠景

三 煙雨樓近景

七四 煙雨樓西立

七五 煙雨樓西面遠眺

七六 煙雨樓翼亭

七七 煙雨樓東側小景

七九 自西岸遠眺金山
七八 自煙雨樓向外觀景（右圖）

八〇 自北岸望金山

八一 金山建築群

八二 金山東岸景觀

八三 金山上堆石

八四 芳洲亭

八五 文園獅子林清淑齋

八六 文園獅子林小亭

八八　芳渚臨流亭

八七　文園獅子林庭院(右圖)

八九 湖泊區小景

九〇 湖泊駁岸

九一 自金山遠望平原景區

九二 平原區蒙古包

九三 水流雲在亭

九四 鶯囀喬木亭

九五 濠濮間想亭

九六 草香泮

九七 春好軒

九八 春好軒後花園

九九 春好軒涼亭

一○一 文津閣
一○○ 永祐寺舍利塔（右圖）

一〇二 文津閣前疊石

一〇三 文津阁前叠石

一〇四 曲水荷香亭

一〇五 松雲峽

一〇六 山岳區景觀

一〇七 南山積雪亭

一〇八 山岳區園牆

一〇九 園牆與古俱亭

一一〇 須彌福壽之廟遠景

一一一 普陀宗乘之廟遠景

一一二 静翠湖

一一三 翠微亭

一一四 清音亭

香雲入座

一一六 香山寺聽法松
一一五 香山寺（右圖）

一一七 香山寺牌樓

一一八 歡喜園

一一九 松鳴雲莊

一二〇 香山最高峰

一二一 昭廟牌樓

一二二 昭廟前景觀

一二三 昭廟琉璃塔

一二四 見心齋

一二五 見心齋内景

一二六 玉泉山静明園遠景

一二八 福海蓬島瑶臺
一二七 香巖寺玉峰塔（右圖）

一二九 别有洞天

一三〇 鳳麟洲對岸浩然亭

一三一　敷春堂西部石橋殘部

一三二 鑒碧亭

一三三 河堤崗阜景觀

一三四 大水法壁龛

一三五 諧奇趣遺址

一三六 頤和園東宮門

三七一 仁壽門

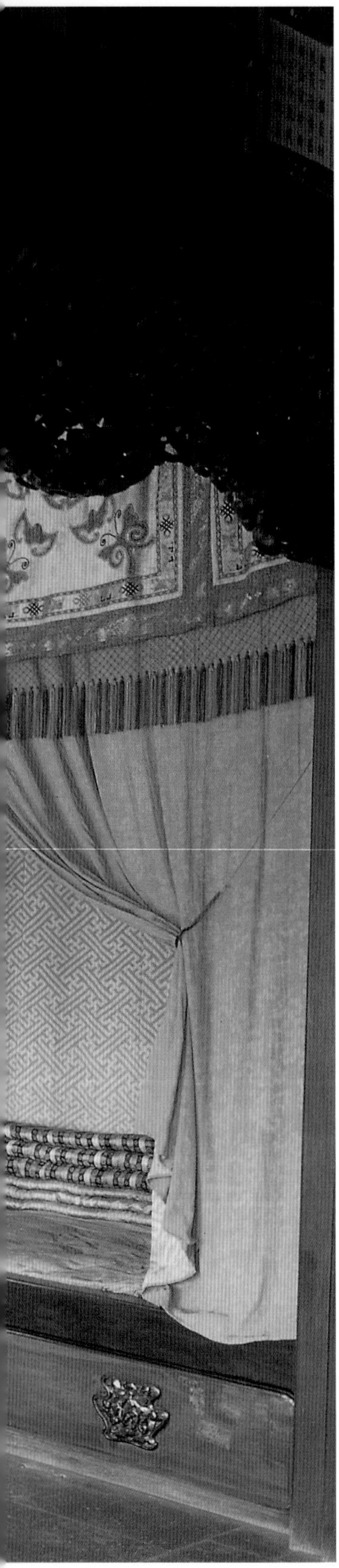

一三八 仁壽殿

一三九 樂壽堂外觀

一四〇 樂壽堂内太后居室

一四一 樂壽堂東院垂花門

一四二 樂壽堂東院芍藥花

一四三 樂壽堂西院什錦窗

一四四 萬壽山與昆明湖

一四五 萬壽山與昆明湖

一四六 萬壽山前山全景

一四七 暮色中的颐和園

一四八　邀月門
一四九　長廊(左圖)

一五〇 長廊留佳亭

一五一 長廊外園路

一五二 萬壽山下的四合院

一五三 長廊内望佛香閣

一五四 排雲殿、佛香閣建築群

一五五 雲輝玉宇牌樓

一五六 排雲殿與佛香閣

一五七 衆香界牌樓和智慧海
一五八 排雲殿俯視(左圖)

一五九 轉輪藏與湖山碑

一六〇 文昌阁、知春亭全景

一六一 文昌阁、知春亭冬日晨景

一六二 自萬壽山頂遠望西堤

一六三　寶雲閣
一六四　萬壽山上敷華亭（左圖）

一六五 前湖春景

一六六 昆明湖晨景

一六八 自萬壽山腰遠觀南湖島
一六七 南湖島遠望（右圖）

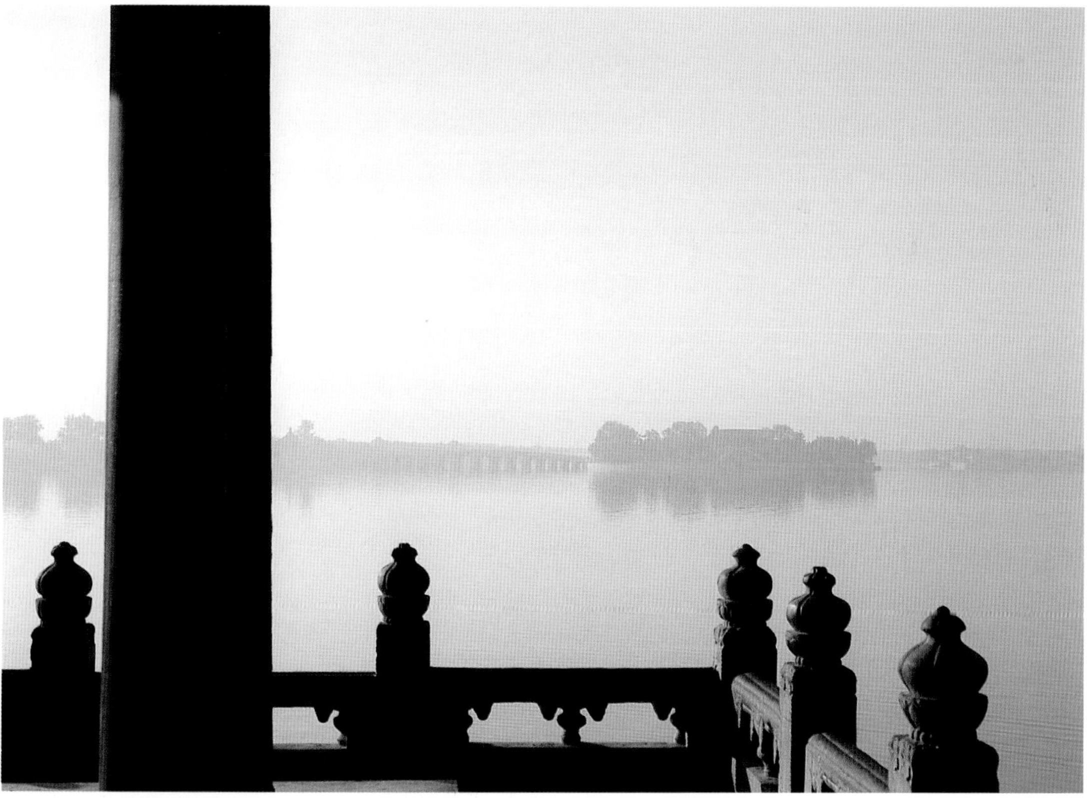

一六九 自昆明湖濱魚藻軒遠望南湖島

一七〇 十七孔橋

一七一 南湖島上涵虛堂

一七二 萬壽山西部建築景觀

一七三 畫中遊近景

一七四 荇橋

一七五 鏡橋

一七六 練橋

一七七 玉帶橋

一七八 自西堤東望萬壽山

一七九　自藻鑒堂望萬壽山
一八〇　夕佳樓前望玉泉山（左圖）

一八二 魚藻軒西望玉泉山景
一八一 夕陽下的玉泉山（右圖）

一八三 萬壽山腳下望西山

一八四 自西堤遠望西山

一八五 長島西岸沿湖景觀

一八六 宿雲簷

一八七 後湖景觀

一八八 後湖綺望軒和看雲起時遺址

一八九 從後湖仰望智慧海

一九〇 後湖買賣街

一九一 後湖三孔橋

一九二 後山寅輝城關和石橋

一九三 後湖買賣街東段景觀

一九四 復建後的後湖買賣街東段

一九五 後山須彌靈境全貌

一九六 須彌靈境北立面

一九七 須彌靈境北面牌樓

一九八 須彌靈境建築群

一九九 須彌靈境近景

二〇〇 寅輝城關

二〇一 後山山道

二〇二 後山妙覺寺

二〇三 花承閣

二〇四 諧趣園西宮門

二〇五 諧趣園東、北面景觀

二〇六 諧趣園西﹑南面景觀

二〇七 諧趣園的亭榭

二〇八 澄爽齋雪景

二〇九 知魚橋

二一〇 知魚橋下小水池

圖版説明

北海位於北京紫禁城的西北，景山之西，是城內規模很大的一處皇家園林。它的歷史至今已有八百多年，遠在十世紀中葉，遼代在這裏建立南京城，因北海有山和水的自然景觀，因而被選為遊樂之地。十二世紀中葉，金代在此定都，對北海進行了大規模開發，在這裏堆石造山，大建殿堂廳館，成了皇帝的一所離宮。元代定都北京，建立大都城，北海成了大都城內皇宮旁邊的禁苑。明、清兩代又繼續對島上和湖面四週的建築進行了改建和擴建，逐步形成為如今的規模。

一 瓊華島遠觀

北海在總體佈局上是以瓊華島為中心，島的南面有石橋與團城相連，北面和西面為大片的湖面，在北海的東岸與北岸散佈有象多的建築，形成為一座佔地七十二萬平方米的大型皇家園林。這是從北海北岸遠望瓊華島的景觀。

二 瓊華島近觀

瓊華島的南面有一組主要的佛教寺院永安寺。從南面經石橋和堆雲積翠牌樓進入佛寺山門，由山麓至山頂，中軸對稱地依次排列著多座殿堂。最上面是白塔，此塔建於清順治八年（公元一六五一年），它高聳於瓊華島的山頂，以其突出的形象成為整座園林的風景構圖中心。

三 永安寺白塔

白塔是一座喇嘛塔，塔身圓座形，坐落在須彌座上。塔身正面有紅色壺門，之上為十三層相輪，頂上有銅質傘蓋和鎏金火焰寶珠的塔刹。塔前為善因殿，坐落在紅色高座之上，平面為四方形，外表全部用黃、綠、藍三色琉璃磚貼面。殿為重簷屋頂，下層為四面坡，上層變為圓形攢尖頂，用鎏金屋頂作結束。小殿處於白塔之前，以其濃厚的色彩、獨特的外貌和較小的尺度與身後的白塔形成強烈的對比，它不但沒有造成體形上的不協調，反而使白塔的形象更為鮮明和突出了。

四　迎旭亭

在瓊華島上，除了幾座主要的佛寺外，在北坡及東、西兩面都有不少樓、臺、廳、軒、亭、廊等園林建築，它們散置於山林，利用自然地勢，加以人工疊石、鋪路，廣植林木花草，形成為一個又一個有特色的景點。迎旭亭位於瓊華島東部半山坡，面向東迎著旭日可觀賞東岸景色。

五　瓊島春蔭碑

此碑位於瓊華島之東北山麓，這裏原為金代燕京八景之一『瓊島春蔭』的地方，清乾隆時曾題：『瓊島春蔭』碑立於此處。碑身造形渾厚，下設平臺，臺為須彌座形式，四週圍以石欄。這裏已成為北海有歷史價值的著名景點。

六　瓊華島上小亭

瓊華島上，景點散佈各處，皆有道路相連，山路忽平忽陡，曲折盤旋。為了求得景觀上的連續，往往在山路的轉折處或山坡平臺設置小亭一座，形式或方或圓，大小與環境相宜，它們不僅可供遊人休息，還形成為景觀各異的小景點，增添了園林的風景層次。

七 仙人承露盤

承露盤起源於漢代。漢武帝迷信神仙，在神明山上特作承露盤，以銅製仙人伸掌托盤以接甘露，飲之可長命百歲，後代帝王多倣其制。北海承露盤位於瓊華島北坡山腰上，在石製平臺上立華表，上有銅製仙人面向北方，雙手托舉銅盤以接天上甘露。此處也成了北海著名景點。

八 倚晴樓

在瓊華島的北面沿岸臨水建了一排雙層遊廊，倚晴樓就是遊廊在東頭的起點。樓的形式是一座城關建築，下面是磚城臺，臺下開有門券洞，由此進入遊廊。臺上建有方形樓閣，三開間，四面皆設隔扇門。樓頂為四面坡攢尖式屋頂，整個造型穩重大方。

九 北海東岸園路

北海東岸地形狹長，東面又臨近宮牆，但就在這塊狹長的地段裏，利用土山和由北面什剎海來的水流，經過廣植叢木、疊石鋪路，以造成一個比較隱蔽的環境。其內安排了濠濮間和畫舫齋兩組建築群，它們構成北海有特色的一個景區。

一〇　濠濮間

北海東岸的一組以水池為主的園林建築。水池呈不規則的長方開，水源自東北角引入，池四週用青石駁岸，高低錯落有致。主體建築濠濮間位於水池之南，是一座三開間的臨水榭，水榭之北有九曲石橋跨過水池，形成一個較封閉的幽靜環境。

一一　五龍亭遠視

在北海北岸的西段，位於闡福寺之南，臨水建有五座亭，稱為五龍亭。中央為龍澤亭，重簷，上層為圓形攢尖頂；東為澄祥亭和滋香亭；西為湧瑞亭和浮翠亭。其中澄祥、湧瑞二亭為方形重簷攢尖屋頂，其餘二亭則為方形單簷攢尖屋頂。五座龍亭雖都是方形平面，黃、綠兼用琉璃瓦頂，但由於屋頂形式之區別而表現出了主次的不同。

一二　五龍亭近視

五座龍亭在北岸都建在突出水中的平臺上，中央的龍澤亭最為突出，其餘四亭次之，它們呈鼓肚形並列於北海之濱。它們既是北海北岸的一處重要景點，又是臨湖觀賞北海全貌的極好場所。

一三　西天梵境前琉璃牌樓

西天梵境是北海內一組重要的佛寺，位於北海北岸中部。整座佛寺坐北朝南，隔湖正對著南面的瓊華島。寺前有一座琉璃牌樓，三開間七頂，用黃、綠二色琉璃磚、瓦裝飾，配以紅牆和白石門券，色彩絢麗，造型端重。牌樓立於北岸湖水之濱，成為一處十分醒目的景點。

一四　西天梵境山門

西天梵境的山門為隨牆門，左右並列三座，分別有屋頂、門洞和基座，屋頂及簷下均有琉璃貼面作裝飾，色彩鮮艷醒目，在四週山水林木的環境裏顯示皇家建築的氣魄。

一五　九龍壁

在西山梵境佛寺的西面，原有一組寺廟，寺已毀，但寺前照壁——九龍壁一直保留至今。九龍壁高六・九米，長二十五・五二米，厚一・四二米，外表全部用琉璃磚瓦砌築。在壁身兩面均有九條龍飛舞翻騰於雲水之間，形態生動有力，色彩絢麗，如今已成為北海中一座大型建築工藝精品供人觀賞。

一六　自五龍亭望瓊華島及景山

自北海北岸的五龍亭內南望，瓊華島及景山橫列眼前，島上白塔和山上諸亭突起於山峰，視野開闊，充分顯示出皇家園林恢宏的景觀特色。

一七　自北海遠望景山

景山位於北海之東，自北海北岸東望，晨曦中景山全景橫列，山上諸亭歷歷在目。造園者應用中國傳統園林設計中的借景手法，將園外遠處的景山也組織成為園內的重要景觀了。

一八　碧鮮亭

在北海北岸中部有一組園林建築靜心齋，佔地約七千七百餘平方米，三面有院牆相圍，北面緊貼北海北宮牆，園內挖池堆山，散佈著亭、臺、樓、閣自成系統，成為北海中一座封閉的園中之園。碧鮮亭位於靜心齋南牆外，緊貼著建築的山牆，成了裝點院牆的涼亭，也可供遊人坐息以觀湖景。

一九 沁泉廊

沁泉廊位於靜心齋正門之內，與正門、靜心齋同處於中軸線上，橫跨水池，是一所亭榭式建築。它面闊三間，進深一間，處於全園中心位置，成為靜心齋的重要景點，也是連接東西兩部份的主要通道。

二〇 靜心齋東部景觀

靜心齋內的水池呈不規則形，東西狹長，造成東西方向的縱深景觀。沿池水北岸為湖石駁岸，岸上有罨畫軒及爬山遊廊，水池南北有石拱橋相連，這水、石、廊、橋加上小園內外的林木，造成一個具有濃鬱園林氣氛的環境。

二一 自靜心齋東端西望景觀

站在小園東端假山石上西望，隔著水池中的石橋，可以見到左邊的靜心齋、右邊的沁泉廊和枕密亭，連小園牆外大佛殿的高大身影也組織到園內景觀上來了。

二二　自靜心齋北牆南望景觀

小園利用挖池之土沿著北牆堆積成土山，山上以湖山堆疊成片的假山。站立疊石之上向南俯視，可以清楚地看到園門內中軸線上的靜心齋和沁泉亭，園外水天一色，視野開朗。

二三　北牆爬山廊

靜心齋小園北面緊貼北海宮牆，這裏堆積土山以掩飾北牆的局促，另外緊靠北牆，在土山上建成一道遊廊。廊南面寬敞，北面為實牆，由東而西，順山勢爬行，將小園圍合成為一個相對封閉的園林空間。

二四　自靜心齋爬山廊南望景觀

站在北面爬山廊中南望，透過山石，近處是小園中軸線上的幾幢主要建築，遠處可見正南面瓊華島上的白塔。遠處的景觀超越了封閉的小園，擴散到北海遼闊的景域中去了。

二五　靜心齋中望景山

站在北牆土山西段向東南遠望，隔著層層亭榭廊房，遠處的景山和山上諸亭歷歷在目，使小園景觀無限延伸。

二六　自疊石山上南望枕巒亭

二七　枕巒亭

枕巒亭位於靜心齋小園的西部中心位置，八角小亭、攢尖屋頂、造型端莊。小亭安置在小園中心地勢居高又臨著池水的疊山石上，它的形象更加突出了，並與中軸線上的沁泉廊形成小園中兩處最主要的景點。

自北南望，以枕巒亭為近景，它與遠處的湖光山色，組成一幅美麗圖畫。自南近視，枕巒亭聳立在嶙峋渾實的山石之頂，它與遠處的沁泉廊構成有遠近層次的園林景觀。

二八　靜心齋疊石

靜心齋内建築散佈。造園者用石砌築池岸，用石鋪墊山坡，用疊石聯貫山池與廳堂亭榭，用堆石造成峰迴路轉、步移景異的多變景觀。疊石堆山是靜心齋主要的造景手段。

二九　瓊華島上俯視團城

團城位於北海瓊華島的南面，遠在遼、金時期就已經是御園的一部份了。當時團城還是北海與中海之間水中的一個小島，東西兩面都有橋與岸相接。到明代改建團城時，將東面湖水填平，使島與東岸相連，成為突出於水中的一個半島了，並且將四週用磚築成圓形城牆形成現今的團城，成為京城西苑三海中重要的景點。

三〇　團城承光殿

承光殿位於團城中心位置，是團城上主要建築。平面中央為三開間方形，在四面的正中開間又各出抱廈一間，使大殿成為十字形平面。屋頂中央為重簷歇山式頂，四面抱廈為單簷歇山卷棚式。屋頂用黃琉璃瓦綠剪邊，屋簷下滿繪旋子彩畫。殿身紅柱紅格扇，下設灰磚檻牆。大殿坐落在十字形臺基上，四週有黃綠二色琉璃磚砌築的欄杆。承光殿雖為宮殿式大殿，但由於用了大小屋頂的組合，絢麗活潑的色彩因而使其形態具有園林風格。

三一 團城白皮松

團城歷史悠久，至今仍留有古代所植樹木，其中的白皮松兩株，枝葉仍很茂盛。自團城東門沿蹬道登城，有白皮松一棵位於罩門之旁，透過高大挺拔的古松，還能見到遠處紫禁城的角樓，說明團城確是觀賞皇城遠近景色的極佳場所。

三二 自北海遥望中海

北海、中海、南海在元、明、清三代都是北京皇城的禁苑，自清乾隆以後，成為三個相對獨立的皇家園林。在瓊華島的山頂上，可以遥望中海。水中的水雲榭在晨霧中隱約可見。遠處天水相接，三海連成一片，昔日宮廷禁苑風貌依在。

紫禁城御花園及寧壽宮花園

三三 御花園

御花園是紫禁城內專供帝王遊樂、休息的專用花園，位於紫禁城中路後寢坤寧宮的北面，中軸線的盡端，所以又稱『後苑』。建於明永樂十八年（公元一四二〇年）與紫禁城主要宮殿同時建成，以後雖經多次重建，但總體格局和重要建築一直保持原貌。御花園面積一萬二千平方米，呈偏長方形，園內建有殿、堂、榭、亭、臺等建築二十多幢，它們仍按中軸對稱形式佈局，但園內廣植花木，配以疊石，道路在規整中求變化。

三四　御花園欽安殿

欽安殿位於御花園中路偏北，這是一座供奉道教神像的宗教建築，面闊五間，前有抱廈及月臺，重簷盝頂，上覆黃琉璃瓦，殿前植白皮松和古柏樹，四週有宮牆相圍，成為獨立的小院，佔據著御花園的中心位置。

三五　御景亭

位於御花園東路的北牆下，倚牆用湖石堆疊假山，山下有洞穴，左右設蹬道可通至假山頂。頂上建亭名御景亭，平面方形，單層攢尖屋頂，上鋪黃綠二色琉璃瓦。御景亭位置居高臨空，是帝王重陽節登高觀賞紫禁城內外景色的地方。

三六　萬春亭

位於御花園東路的中心，平面為十字形，下設十字形臺基，上為重簷屋頂，下層屋簷隨平面亦為十字型，而上層屋頂卻變為圓形攢尖頂，形態十分豐富。

三七　千秋亭

位於御花園西路中心，與萬春亭形成對稱的局面。平面和一層屋簷也是呈十字型，上層屋頂為圓形攢尖頂，下面坐落在漢白玉石造臺基上，十字型臺基四週皆圍有石欄杆，不失皇家建築的氣魄。

三八　萬春亭屋頂寶頂

三九　千秋亭屋頂寶頂

御花園的萬春亭和千秋亭分列左右，外貌幾乎相同，甚至在屋頂上的寶頂都是相同的形式，但二者小有區別。其圓形攢尖頂端都立有圓形金屬瓶身，上架寶蓋和蓋頂，但在萬春亭的寶頂上卻多出兩翼裝飾飄帶，使這兩座亭子有了稍微的區別。

四〇　養性齋

在御花園西南角上有一座兩層樓房養性齋，長方形平面左右伸出兩翼，樓前又用疊石假山相隔，在養性齋前形成一個小院。初春齋前的海棠盛開，使這個小環境一片春意。

四一　浮碧亭

浮碧亭位於御花園的東路，萬春亭之北，它是一座三開間，前面又帶三間抱廈的亭榭式建築，左右兩邊附以水池，亭四面敞開不設門窗。春季牡丹盛開，浮碧亭成了觀賞花景的好去處。

四二　凝香亭

在御花園東路北牆根下攡藻堂的東側有一座方形小亭，名凝香亭，它四角攢尖屋頂，用黃、藍、綠三色琉璃瓦相間鋪蓋，連屋簷滴水也是幾色間用。小亭緊倚著西北牆角，醒目的亭頂加上亭前的樹木和亭後牆根的幾棵翠竹使原本呆板的牆角變得十分有生趣。

四三　御花園的疊石

在御花園的西南部有幾組用湖石堆疊的假山，有的曲折於道路之間，有的簇擁於樓臺之旁。石間加植草木，更添生機。這幾處疊石在構成御花園的園林環境中起著重要的作用。

四四　御花園鋪石路面

在御花園主要的路面上都用各種色彩的小卵石拼鋪出各式花飾，內容有各種人物、動物、花卉植物和器物，不同的圖案有數百種之多，組成為地面上的精美彩帶。

四五　御花園散置的立石盆景

四六　諸葛亮拜北斗殞石盆景

御花園中陳列了從全國各地進貢皇宮的珍奇異石，它們有的是以形取勝，有的以質取貴，形態各異。在『諸葛亮拜北斗殞石』面上，有一位躬身下拜的老人形象，他雙手拱起，長袖下垂，好似在揖拜前方天上的星斗，使人聯想到諸葛亮在拜北斗之星。

四七　遠古木化石立石

狀如遠古樹木化石的立石，表面紋理清晰，挺立於石座之上，形態古樸，極富觀賞價值。

四八　寧壽宮花園

清乾隆皇帝於公元一七七一年下令在紫禁城東部興建寧壽宮，是專門為在他年老退位後當太上皇時准備的宮殿建築群。在主要宮殿的西部有一座寧壽宮花園，也稱為乾隆花園。花園南北長一百六十米，東西僅寬三十七米，在這塊狹長的地段裏，前後安排了五層院落組成不同的空間。從南門入口，迎面有玲瓏的湖石堆山構築的曲折通道，過此通道，而後進入第一個院落景區。

四九　禊賞亭

五〇　禊賞亭內流杯渠

禊賞亭位於寧壽宮花園第一進院落的西廂，西闊三間，中央一間前出一抱廈，抱廈三面敞開，外圍石欄杆，中央地面設流杯渠，自亭後假山上引水灌入渠內，寓意於東晉文人『曲水流觴，修禊賞樂』的故事，故取名為禊賞亭。

五一　古華軒

古華軒位於寧壽宮花園第一進院落，坐北朝南，位置居中，是庭院內主要建築。它面闊三開間，外加週圍迴廊，捲棚歇山屋頂，上覆黃琉璃瓦綠剪邊。軒前有古樹一株，華葉覆蓋庭院，因而取名為古華軒。

五二　古華軒內景

古華軒四面敞開，外廊柱間除南北中央通道外均安有坐凳。內柱間均設花格落地罩，軒內屋頂全部用井字形天花，每一塊天花板上都雕有花草紋，這些天花不施色彩而保持木料本色。在南北中央開間的橫枋上各掛有橫匾一塊，在密佈裝飾浮雕的底面上又刻出題賦文字，它們與木雕天花一起顯出古樸而高貴的格調。

五三　擷芳亭

擷芳亭位於寧壽宮花園的東南角上。先用湖石堆疊假山，上建四方形小亭一座，四角攢尖頂，上覆黃、綠琉璃瓦。沿假山有自然石階可登至亭上，小亭造型莊重，倚牆而建，打破了東南牆腳的單調與死板。

五四　碧螺亭

碧螺亭位於寧壽宮花園第四進院落的疊石山上。平面為五柱梅花形。亭下有五瓣形的須彌座，屋頂為重簷攢尖式，並用五條垂脊將屋面等分而與五根立柱上下呼應，頂上覆以綠、紫二色琉璃瓦，俗稱『梅花亭』。碧螺亭的造型與用色在紫禁城建築中頗具特色。

承德避暑山莊

承德避暑山莊是清代在河北省承德市建造的一座皇家園林，始建於康熙四十二年（公元一七〇三年至公元一七一一年）建成，園内組成三十六景並正式命名為『避暑山莊』。乾隆時期對山莊又進行擴建，先後歷時三十九年，至公元一七九〇年又建成三十六景。山莊佔地五百六十四公頃，是清代規模最大的一座皇家園林。園内分為宮廷區、湖泊區、平原區和山岳區，在總體規劃上也是採取『前宮後苑』的傳統佈局。山莊由於地形、地貌的多樣，形成各具特色的景區，使它在諸座皇家園林中形成了自己獨特的風格。避暑山莊與承德外八廟被聯合國教科文組織列入世界遺產名錄。

五五　雲山勝地樓

雲山勝地樓是避暑山莊主要宮殿正宮的後殿。正宮地處山莊東南的主要入口的正門之後，一連有九進院落，主要建築皆位於中軸線上，是清代帝王在山莊上處理朝政和居住的地方。但是在建築風格上卻不用色彩絢麗的琉璃、彩畫而採取比較樸素的外形。尤其在正宮的後寢部份，院落由於廣植樹木、壘疊山石，構成一個具有園林特徵的環境。

五六　雲山勝地樓近景

雲山勝地樓面闊五開間，二層樓，前後有簷廊，屋頂為捲棚歇山式，上鋪灰瓦。簷下樑架不施彩畫而漆罩色，四週門、窗用多式條紋作裝飾，但均保持原木本色。整座建築仍具有皇家建築的精細講究，但又與週圍園林環境相協調。尤其樓前置疊石數組，在緊貼樓東開間的一組疊石中砌出踏步可直登樓上二層而代替了樓内的樓梯，更增加了樓與自然的結合。

五七　萬壑松風

萬壑松風是松鶴齋建築群的最後一座殿堂。松鶴齋位於正宮之東，也是一組宮廷建築群，建造在一塊臺地上，從它的北面可以進入湖泊區。萬壑松風正建造在臺地的北端，北臨陡坡，在這裏可觀賞到苑林區的湖光山色。陡坡用山石堆疊，設蹬道可下臺地並入湖泊景區。

五八　卷阿勝境

山莊東南德匯門内另有一組宮廷區建築，位於正宮以東故稱東宮。卷阿勝境即為東宮最北端的大殿。殿身五開間，朝北面向湖泊區伸出三開間的抱廈，殿身與抱廈各有捲棚歇山頂，一大一小，用勾連搭形式相連。在建築臺基週圍以黃石點置鋪砌，使大殿與園林環境結合得十分自然。

五九　水心榭

山莊湖泊區位於宮廷區之北，佔地約四十三公頃，用島、堤、橋等劃分作若干水域，組成象多景區與景點。在東、西部份的環湖與下湖之間設置可調節水量的閘門，上建亭榭三座，稱『水心榭』，它將水閘、橋、亭巧妙地結合為一體，成為進入湖泊區的第一個重要的景點。

六〇　水心榭晨景

水心榭的左右二榭為四方形重簷攢尖屋頂，中央一座為長方形重簷捲棚歇山屋頂。晨曦中自下湖西岸東望，三榭平浮湖心，有近樹與遠山作背景，構成一幅水墨淡彩畫卷。

六一　月色江聲南面全景

六二　月色江聲東面景觀

月色江聲是山莊湖泊區的第二大島，位於湖泊區中心偏南，自水心榭北行即可通至島上。此島地勢平坦，月色江聲建築群居於島中心，坐北面向南，前後有四座主要殿堂位於中軸線上，左右有配殿，並用週圍廊圍合成三層院落。院內院外迴廊空透，廣植古松，沿岸垂柳，組成一個十分安靜的環境。月色江聲最後一進殿堂『湖山掩畫』曾經是皇帝讀書的地方。

六三　月色江聲迴廊

月色江聲地處湖泊中心，為苑區內十分醒目的景點，從島上可觀賞到宮苑四面的湖光山色。

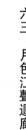

六四　芝徑雲堤

自松鶴齋萬壑松風下到湖泊區，迎面有一長堤，因堤分三枝，形如靈芝故稱『芝徑雲堤』。一枝向東通往『月色江聲』；中央一枝則通往如意洲。雲堤平卧上湖與如意湖之間，兩岸列植垂柳，在湖中構成綠色長廊，增加了苑區内的景觀層次。

六五　如意洲延薰山館西面

如意洲位於湖泊區北部，是園内最大島嶼，四面臨湖，景域開闊。島上散佈有大小若干組建築，它們相互用廊、屋相聯，又自成系統，組成島上各具特色的景點。其中延薰山館一組規模最大，在正宫未建成之前，這裏曾是康熙皇帝來山莊時居住之所。前後有三座殿，四周有配殿和迴廊組成兩進院落。中殿為皇帝批閱奏章和消夏的地方。如今白牆灰瓦，古松高聳仍顯示出當年離宫的氣勢。

六六　如意洲金蓮映日

金蓮映日是一座位於如意洲西部的廳堂，有廊、屋與延薰山館建築群相聯。當年在它的附近種有從各地移植來的旱金蓮、蜀葵、蘭花與桂花以及各式盆栽小品，它們組成了山莊里一座小花卉園。

六七　如意洲觀蓮所

觀蓮所位於如意洲西南臨湖處。當年通往如意洲的芝徑雲堤兩旁湖中遍植荷花，而且由於承德熱河水温較高，荷花從夏天一直可開至秋季，故乾隆有『荷花伴秋月』的詩句。這座觀蓮所正是為觀賞湖水蓮荷而建造的廳堂。

六八　如意洲滄浪嶼

滄浪嶼是一組小型園林建築，位於如意洲西北部，東南與延薰山館有廊相接。主要建築為一座水榭式廳堂，面闊三開間，外加周圍廊，廊柱下設坐櫈欄杆。堂前有水池，池邊疊石堆山，堂後有小園，園内堆石山，闢小徑，植花木，四週以廊房、院牆相圍，自成體系，成為一處十分幽靜的園中之園。

六九　湖區景色

自宮廷區北望湖區，芝徑雲堤横卧水面，它使如意湖和上湖兩處水域既相隔又相通、相望，增添了層次，豐富了景觀。沿雲堤北行可達環碧小島。

七〇 環碧遠觀

七一 環碧近景

環碧位於湖泊區的西部，是突出在如意湖中的一個小半島。島上有一組建築，由幾座廳堂、迴廊、院牆圍成院落，在小島北頭臨湖還建有圓亭一座，有空廊與主體建築相連。環碧由於它所處湖中間的位置，同時又由於這組建築所具有的活潑形象，有亭有廊，灰頂白粉牆而成了西部水域中的一個重要景點。

七二 煙雨樓遠景

七三　煙雨樓近景

在山莊湖泊區的北部，澄湖水域中有一座小島青蓮，它與中心大島如意洲有木橋相連。島上有一組建築煙雨樓。在《熱河誌》中描繪這座建築是『樓四面臨水，一碧無限，每當山雨湖煙，頓增勝概。』因為青蓮島的地貌和這裏的景觀頗似浙江嘉興的南湖煙雨樓，因而也以此命名。

煙雨樓建於清乾隆四十六年（公元一七八一年）。面闊三間，左右又加設樓梯間，進深二間，四週有週圍廊。樓兩層，捲棚歇山式屋頂，簷下樑架施彩畫。乾隆後期在山莊所建殿堂樓閣多喜施彩畫裝飾，改變了康熙時期山莊建築的古樸風格。煙雨樓左右有對山齋和青陽書屋，四週還有小亭三座，堆山石，植花木，組成為一座十分精緻的小園林。

七四　煙雨樓西立面

青蓮島居於澄湖中央，從西岸望去，近有煙雨樓，遠有磬錘山和棒槌峰，景色如畫。樓突起於水面，登此樓可觀賞四面湖光山景。尤其在雨天，山雨迷濛，四週湖山如煙如霧，真可謂景如樓名。

七五　煙雨樓西面遠眺

七六　煙雨樓翼亭

在青蓮島的西南，在煙雨樓對山齋之南側用青石堆疊小山，上置翼亭一座。亭六角形，攢尖式屋頂，上覆灰瓦，下立綠色亭柱，色調雅致。山由青石堆築，石形古拙，石山高低錯落有致，山間砌出自然石階，沿階可登小亭，石山四週及石間散植樹木，使山亭渾然一體，成為煙雨樓不可分割的一個部份。它極大地美化了建築群組，增添了這組水上建築的園林風貌。

七七　煙雨樓東側小景

煙雨樓東側院牆外有四方亭一座，坐息亭中可觀賞小島東、北面湖山之景。亭外散置疊石，粉牆花窗，綠柱灰石，雖為小島一隅，也頗富園林特色。

七八　自煙雨樓向外觀景

煙雨樓四面有簷廊，在樓的東西兩側及北面梢間、簷廊柱間還裝有格扇窗。透過空廊和格扇窗格，可遠眺對岸平原景區，岸邊『鶯轉喬木』小亭成了柱間對景。

七九　自西岸遠眺金山

八〇　自北岸望金山

金山為澄湖東岸突入湖中的一處小島，島約為圓形，中央隆起如山包，隨著地勢，在島上修築建築一組，有殿堂、樓閣、小亭、迴廊，在佈局上因仿照江蘇鎮江金山寺，採取『寺包山』的做法，故取名為金山。由於小島的位置和地貌，以及島上高聳的殿堂與樓閣，使金山成為湖泊區最主要的景點，無論從西岸、東岸平原區都能見到以金山樓閣為主景的景觀畫面。

八一　金山建築群

建築群依山勢而佈局，沿西岸臨湖為一圈遊廊，中央部分形成門廊七間，廊前設平臺和踏步，直至水面可以登舟遊湖。門廊之後為鏡水雲岑殿，殿東南有天宇咸暢殿，此殿之北，在小山頂處建上帝閣一座。閣高三層，六角形有週圍廊，為整個湖泊區最高的景點，它與煙雨樓隔湖相望，互為對景。登此閣可觀賞四週湖光山色和隱沒於山湖間的殿堂亭榭。

八二　金山東岸景觀

金山原為突出於澄湖水面的一座半島，其東部與湖泊區東岸相連，但築園時在這裏挖出一條不足三米寬的溝道，通以湖水，在溝岸疊石植樹，造成一處山間溪流的景觀。溪上搭石板橋，由東岸過橋上島，沿青石堆築的蹬道，曲折往上可登至島頂的上帝閣。

八三　金山上堆石

金山島地形中央隆起呈山包，築園時，更用青石鋪砌，依著山勢的高下，使陡坡更顯嶙峋，使山道更具野趣。殿堂臺前，或以石砌造成階，或巧立塊石於屋之一隅，使建築與山體自然相融。

八四　芳洲亭

芳洲亭位於金山島之北面，亭呈方形，四角攢尖屋頂，坐落在二層方臺基之上，貼臨湖水，亭的西面與沿岸遊廊相連。此亭突出於島之北端，它既可遠眺北面山湖之景，又可成為湖中景點，並與煙雨樓遥相對應。

八五　文園獅子林清淑齋

八六　文園獅子林小亭

八七　文園獅子林庭院

山莊湖泊區的東南角，緊臨南苑牆下，有一處園中之園，因參照元代畫家倪雲林之獅子林圖卷和江南蘇州名園獅子林而建，故名『文園獅子林』。此園東臨鏡湖，西貼銀湖，環境十分寂靜。園中挖池疊山，池水曲折呈不規則形，其中散佈廳堂亭館，組成三組院落，有以建築與水池為主的文園，和以疊石假山為主的獅子林。

此處建築雖為北方官式系統，但多用灰瓦粉牆、漏窗，頗具江南園林風格。湖岸和園中疊山雖用當地所產青石，不如江南湖石之玲瓏透剔，但堆疊時掌握山勢總體之起承轉合，又注重局部山澗、洞穴之營造，因而頗有蘇州獅子林之神韻。建築院落中，粉牆迴廊連著垂花門，疊石花木點綴著庭院，構成幽靜別致的小園林天地。

八八　芳渚臨流亭

位於湖泊區西面的山腳下，東臨如意湖畔。亭方形，重簷攢尖屋頂，柱間設坐凳欄杆。小亭體量不大，本身為山腳湖濱一小景點，但由於所選位置適當，視野開闊，在亭中可觀賞到湖泊區廣闊的景色。

八九　湖泊區小景

山莊湖泊區以洲、島、堤、橋分隔組合成若干水域，其中又以綠化種植作為屏障，使水域之間、洲島之間既隔斷又通透，形成了不少頗具自然野趣的景觀。

九〇　湖泊駁岸

山莊湖泊以自然土岸為主，但在重要地段也有用石駁岸的。此處駁岸，採用大塊黃石沿岸鋪砌，平面曲折有致，路面略分高低，使低處探向湖面，以便遊人嬉水，路邊土山腳下又堆疊山石，使普通的湖岸也成為一處可觀可遊的景點。

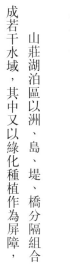

九一　自金山遠望平原景區

山莊平原景區位於湖泊區之北，在金山島北端可隔湖相望。再往北則為山岳區，遠處兩山峰上各有一亭隱約可見。四週湖山相環，視野遼闊，足見山莊幅員之大。

九二　平原區蒙古包

山莊平原景區面積約與湖泊區相等，主要為大片草原，建築很少，大多安排在東部城牆之下與南部臨湖之濱。平原區內既有東部的『萬樹園』，養麋鹿於林間，又有西部的『試馬埭』，一片如茵的草原，其間散佈多處蒙古包，為皇帝與蒙古王公舉行野宴等活動而設，更增添了平原區粗獷的塞外風光。

九三　水流雲在亭

在平原景區的南緣，湖泊之北岸有幾座亭子沿岸散置，《熱河誌》上形容它們是『迴環列佈，倒影波間』，可見它們在園林景觀上所起的作用。水流雲在亭位於平原西南端岸邊，平面中央為方形，三開間，又在四面中央開間各出一抱廈。屋頂中央為四角攢尖。四面抱廈上為捲棚歇山。

九四　鶯囀喬木亭

位於平原景區的南緣中部，此亭平面呈偏長八角形，八個開間除南北兩面為門外，其他六面均設檻牆，但所有開間均不用門扇和窗扇，造成八面透空，便於觀賞四方的不同景色。

九五　濠濮間想亭

位於水流雲在亭之東北，亦為平原區沿湖諸亭之一。平面六角形，週圍遍設格扇門窗，屋頂為單簷六角攢尖式，外形較為封閉，體態凝重。

九六　草香泮

位於平原區東南角，是一組規模不大的建築群，廳堂居中，前後有庭院，院中置方亭，四面院牆相圍，環境亦很幽靜。院內灰瓦粉牆，建築不施彩畫，頗具江南園林風格。

九七　春好軒

九八　春好軒後花園

九九　春好軒涼亭

平原區的中部東側，緊貼城牆之下，有一座春好軒。這是一組四合院式的建築群，坐北朝南，中央為大門及二道門。二道門採用四合院慣用的垂花門形式，兩旁連著圍廊沿內院與中心的廳堂相連。廳堂之後即為花園部份，園內中心有亭一座，亭平面八角形，四面臨空，重簷攢尖屋頂，體量雖大但不顯笨重。亭四週廣植花木，散置疊石。春好軒東牆即為城牆形苑牆，在後花園中特設高臺一處，有臺階可登至城牆高處，憑雉堞可遠眺莊外山景。

一〇〇　永祐寺舍利塔

永祐寺位於平原區之北端，西臨山腳，東貼苑牆，是山莊內規模最大的一座佛教寺廟。廟內殿堂多已毁壞，舍利塔猶存。塔平面八方形，高九層共六十六米。塔身為灰磚造，轉角處砌出倚柱，增加了塔身的挺拔。每層出簷及簷下斗栱和塔頂均用黄、綠二色琉璃瓦砌造，使佛塔在古樸中略顯華麗。塔頂部在八角攢尖頂上更竪立一瘦高型的塔刹，刹尖用金色寶珠作結束。佛塔聳立於平原之上，背倚藍天，成為整座皇家園林最北端的一處重要景觀。

一〇一　文津閣

文津閣位於平原區之西與山岳區交界處。文津閣為清朝藏存《四庫全書》的七座閣之一，它們皆摹倣浙江寧波的『天一閣』而建。閣面闊六開間，即五大開間加一小間專設上下樓梯。閣二層，硬山式屋頂，灰瓦粉牆，簷下彩畫皆繪書函及文房四寶，色調素雅，與文津閣身份相符。

一〇二　文津閣前疊石

一〇三　文津閣前疊石

文津閣前有水池一方，池前環疊石山，假山外貌高低起伏，左右曲折，山中間設隧洞。沿石階上下，出入隧洞可見到不同之景觀，或殿閣一角，或孤石一方，頗有奇趣。

一〇四　曲水荷香亭

位於文津閣的南面，山岳區的東麓。平面為正方形，每面三開間，設簷柱與金柱兩層立柱，四面敞開。屋頂為重簷四方攢尖頂。亭內地面按東晉文人『曲水流觴，修禊賞樂』的故事而用石修築出曲折水溝。但它不採取多數園林中慣用規則的流杯渠形式，而以石塊構築自然形水渠，溝渠自亭內延伸至亭外，可引山水灌注其內，從而與四週山林環境相協調。

一〇五　松雲峽

山岳區在避暑山莊西北部，佔去了全園面積的五分之四。這裏是一片峰巒起伏的山地，雖然山峰並不很高，幾處高峰約為一百五十米至一百八十米，但山嶺之間，溝壑縱橫，林木茂盛，形成了數條縱向的峽峪。松雲峽即為其中主要的一條山道，自山岳東部進入峽口，沿山勢之高下，穿過山嶺直至宮苑的西北門。峽道兩旁，古松林立，園林建築皆隱藏於山林深處，使峽道始終在松林中穿行，保持著原始山林環境的意境。

一〇六　山岳區景觀

自山岳區松雲峽登山腰東望，園內雙峰分列左右，峰頂分別建亭一座，右為『南山積雪』，左為『北枕雙峰』。雙峰之外，遠山重疊，使園內景觀無限延伸，視野十分遼闊。

一〇七　南山積雪亭

在《熱河誌》中描繪此亭為：『亭在山莊正北，高踞山巔，南望諸峰，環揖拱向。』此亭與『北枕雙峰』亭分踞山頭，既構成山莊北面重要景觀，又成為居高俯瞰遠近湖光山色的絕好場所。承德地處高寒區，早降冬雪，高山積雪，一片北國風光，故以『南山積雪』為亭名。

一〇八　山岳區園牆

避暑山莊地處塞外，幅員廣闊，佔地達五百六十四公頃，因此山莊四週的圍牆特別採用了城牆的形式，下為城臺，臺上外沿設雉堞，全長達十餘公里。尤其位於山岳區週圍的園牆，隨山勢之高下而蜿蜒起伏於山背，頗有萬里長城之雄姿。立於城牆之上，園外群山疊翠，還可見到棒槌峰屹立山峰。

一〇九　園牆與古俱亭

山岳區之北山峰上，院牆旁建有古俱亭一座。平面方形，每面三開間，重簷攢尖屋頂，造型凝重，與所處環境相配。駐立亭中可西望山景，出亭登城牆則可遠眺園外風光。

一一〇　須彌福壽之廟遠景

一一一　普陀宗乘之廟遠景

清朝康熙、乾隆時期，為了鞏固國家統一，加強與蒙、藏等民族之間的團結，特在避暑山莊的外圍先後修建了十多座寺廟，其中重要的有八座，通稱為『外八廟』。寺廟散佈於山莊東、北二面的武烈河東岸和獅子溝之北的丘陵地帶。沿著山莊山岳區北面園牆，登城臺北望，可以清楚地見到外八廟中規模最大的須彌福壽之廟和普陀宗乘之廟。居高俯瞰，兩座寺廟中的座座殿堂和富有藏族特色的喇嘛塔、大紅臺一覽無餘，充分顯示了這兩座寺廟的宏大氣勢，成為山莊北面絕好之園外借景。

靜宜園

靜宜園位於北京西北郊的香山。香山是西山東端部份，主峰海拔五百五十米，南北兩面有側峰向東環抱，靜宜園即建在這個月牙形的山坳裏面。這裏峰巒層疊，清泉長流，土地滋潤，林木茂盛，早在遼、金時代就在香山建造了寺院、行宮，成了皇家的園囿。之後，經元、明、清幾代不斷擴建和經營，至清乾隆十年（公元一七四五年），完成了園內二十八景的建築，使全園佔地達一百四十公頃，並定名為『靜宜園』。

一一二　靜翠湖

位於靜宜園東宮門之南，香山南峰腳下。湖之西岸疊石為山，引山水自山頂流下成瀑，構成『帶水屏山』景點。瀑前建亭榭，取名『對瀑』。每當深秋，南峰漫山紅葉，層林盡染，襯著峰下一池碧水，景色迷人。

一一三　翠微亭

翠微亭位於靜宜園東宮門之南，香山南面側峰腳下。這裏林木繁盛，春夏滿目青翠，入秋近有金黃的參天銀杏，遠有遍山紅葉，環境幽靜，是山麓一處重要景點。

一一四　清音亭

在香山東麓有一處瓔珞巖，有泉水自巖頂注下，巖下用片石順地勢疊為山坡，高低錯落，引泉水漫流其間，直抵巖下水池，水聲潺潺，如奏水樂，故於巖下池旁建亭名曰『清音』。清音亭方形，歇山捲棚屋頂，屋簷起翹，造型秀美。遊人坐息此處可聽賞清音之樂。

一一五　香山寺

香山寺位於香山山坳南部，是金代永安寺的故址。全寺依著自然山勢，由東往西，層層高起，共有五進院落分別坐落在五層平臺上，前後高差達三十餘米。香山寺為靜宜園最著名，也是規模最大的一座寺廟，可惜如今寺廟建築多已毀壞無存，衹剩下兩座牌樓和原來的古樹了。

一一六　香山寺聽法松

香山寺山門之前原有古松數棵，生長於巖壁之上，樹形古拙挺秀，主幹前傾，枝葉後探，狀如躬身面向佛殿恭聽佛法，故乾隆賜名為『聽法松』。如今佛殿無存，但古松仍在，姿態如舊，彷彿仍在傾聽昔日古寺的鐘鼓梵音。

一一七　香山寺牌樓

牌樓是一種標誌性建築，立於重要建築群之前作為先導。香山寺五進建築建造在幾層高臺之上，為了加強前後建築之間的聯係，增強建築景觀的豐富性和連貫性，分別在入口及頂層建築之前建有牌樓。這是寺院最後一進建築群前的木牌樓。四柱三開間三頂樓形式，立於高臺之前，成為建築群的一個前導標誌。

一一八　歡喜園

歡喜園位於香山寺之南，蟾蜍峰下，是一組四合院式的建築群，面北向，垂花門連著粉牆花窗，門前古松挺立，環境幽靜，具有園林氣息。

一一九　松鳴雲莊

位於香山寺之南，歡喜園之東，又名雙清，地處香山南峰半山腰上，右靠層巖，左前可遠瞰山景。園中水池一方，四面有樓榭曲廊相迴，環境十分幽靜。池邊有古銀杏數株，至今枝繁葉茂，使小園充滿濃鬱秋色。

一二〇　香山最高峰

香山最高峰位於山之西嶺最高處，俗稱『鬼見愁』。在它的東面有山路可下到山腳下的東門。它的西面則是陡巖峭壁，並與靜宜園的西界臨近。

一二一 昭廟牌樓

清乾隆四十七年（公元一七八二年）為了紀念西藏班禪額爾德尼來京為皇帝祝壽而在香山建造了昭廟。因此這是一座漢藏混合形式的佛寺。寺位於香山北峰山腰，坐西朝東。山門之前有琉璃牌樓一座，三間七頂，造型端莊。在它的後面就是藏式的大白臺和佛殿。

一二二 昭廟前景觀

昭廟是皇家園林裏的一座佛寺，所以建築群採取對稱的規整佈局，牌樓在前，經佛殿直至最後的琉璃佛塔都在中軸線上。但是佛殿畢竟還是處於園林環境之中，四週林木繁茂，在琉璃牌樓之前特橫列水池一方，在中央位置架拱橋一座，石橋、水塘增添了園林氣氛。

一二三 昭廟琉璃塔

琉璃塔位於昭廟中軸線的最後位置，香山北峰的半山坡上。塔高七層，平面八角形，每層八個面都設有小佛龕。塔週身用黃、綠二色琉璃磚瓦鑲嵌，整座琉璃塔造型挺秀，色彩絢麗，聳立於香山山坡，異常醒目。

一二四　見心齋

見心齋位於昭廟之北，是靜宜園內一座精致的園中之園。小園背靠香山北峰東坡，地勢西面高東面低，在小園的東、南、北三面均有山澗環繞，因此，其外牆也隨地勢和山澗走勢而自然蜿曲，從而使小園既保持了園內空間的獨立性，又與週圍山林環境自然結合。

一二五　見心齋内景

見心齋園內主要建築為正廳見心齋，平面為三開間帶週圍廊，捲棚歇山屋頂。齋臨水池，池呈橢圓形，沿池靠園牆築遊廊與見心齋相接。隨牆遊廊隔間開一小漏窗，廊柱間均設坐櫈欄杆。粉牆漏窗，空廊環池，形成一處江南水庭式的園林環境。

一二六　玉泉山靜明園遠景

登香山西嶺，向東遥望，靜明園所在地玉泉山全景盡入眼底。靜明園於清乾隆十八年（公元一七五三年）建成，這裏既有山勢又有豐富的泉水，因此這是一座以山景為主又有小型水景的自然山水園林。園林有大小景點三十餘處，僅佛寺、道觀就有十所。在南、北兩座山峰上各建有香巖寺和妙高寺，二寺各有玉峰塔與妙高塔分別立於山脊之上，成為靜明園的顯著標誌。

一二七　香巖寺玉峰塔

香巖寺位於玉泉山主峰之頂，寺隨山勢層疊而建，寺中有玉峰塔聳立於山脊之上。平面八角，高七層，由於它處於全園的制高點上，使園內園外皆能見到，『玉峰塔影』成為北京西北郊諸園普遍的借景。

圓明園

圓明園位於北京西北郊，是這個地區清朝皇家園林『三山五園』中規模最大的一座。建於清雍正時期，乾隆時又加以擴建，至公元一七四四年完成了圓明園四十景的建設。之後又在它的東面和東南面加建了附園長春園和綺春園，統稱為圓明三園或圓明園。圓明園是平地造園，由於這個地區的地下水源豐富，適於挖地堆山，園內散置建築，廣植花木，使它成為一座水景園。全園佔地三百五十餘公頃，湖水、河道面積就佔一半以上，大小建築一百二十三處，各式石、木橋樑一百多座，組成為各具特色的和極富變化的景區與景點。公元一八六零年英、法聯軍放火焚燒和劫掠了圓明園，全園建築付之一炬，祇剩下了長春園西洋樓的少量殘垣斷柱。

一二八　福海蓬島瑤臺

福海位於圓明園東部，是全園最大的水面，廣闊達二十七萬餘平方米。福海中央有大小三島，倣唐代畫家李思訓仙山樓閣的畫意，在中心島上建造樓臺，取名『蓬島瑤臺』。三島鼎立水中也象徵著傳說中的東海三仙山。

一二九　別有洞天

位於綺春園西部湖面小灣處，水中近岸處有一石舫，南岸土崗上建四方亭一座，由於地處水灣，成為一處環境幽靜的景點。

一三〇　鳳麟洲對岸浩然亭

鳳麟洲位于綺春園東北角的湖面中，四面環水，東、西、北三面湖岸上皆為土山包圍，形成為一個相對封閉的、環境幽靜的景區。在這景區中，建築集中建在小島上，三面環山部份祇安排幾處點景建築。浩然亭位於小島正北山崗坡下，六角小亭，重簷攢尖屋頂，造型端莊，與鳳麟洲隔水相望，是一座很得體的小亭。

一三一　敷春堂西部石橋殘部

一三二　鑒碧亭

敷春堂位於綺春園大宮門內宮廷區，公元一八六〇年被燒毀後，在同治時曾想重修未成。如今祇剩下敷春堂遺址西側的石拱橋殘部。

在宮廷區的西部是一個寬闊的水面，湖水中央建有鑒碧亭，這是一座亭榭式建築。亭方形，每面三開間，柱間設格扇門窗。亭四週有圍廊一圈，屋頂為重簷攢尖式，此亭造型墩實，是這個湖水景區中重要的景觀。

一三三　河堤崗阜景觀

圓明園為平地造園，挖地造湖，堆土而成崗阜，大小水面又用河道相連，因此山多不高，河多彎曲，加以廣植林木，以石駁岸形成了極富山湖野趣的景觀，它們處在以建築物為主的景點景區之間，構成圓明園富有特色的園林環境。

一三四　大水法壁龕

大水法是長春園西洋樓區最宏麗的一處建築，主要以噴泉取勝。壁龕式屏風衹是噴水池的背景，當年在壁龕前設有噴水池、水塔、石雕鹿、獵犬和數十隻噴頭。當獸頭、水塔及噴頭一齊噴水時，蔚為壯觀，幾里外都可聽見水聲。

一三五　諧奇趣遺址

諧奇趣建於乾隆十六年（公元一七五一年），是西洋樓最早建成的建築。位於長春園西北角，萬花陣之南。平面為半圓弧形，中央部份為三層樓，左右接曲廊，環抱向前在樓前形成小廣場，場中設噴水池。此樓當年為音樂廳，供演奏少數民族和西洋音樂用。如今殘留處為中央主體樓的西邊一層部份。

頤和園

頤和園位於北京市西北郊，原名清漪園，始建於清乾隆十五年（公元一七五〇年），為清朝北京著名的『三山五園』之一。公元一八六〇年清漪園被英法聯軍燒毀，一八八八年修復後改為頤和園。一九〇〇年又遭八國聯軍毀壞，一九〇二年再次修復。全園佔地二百九十公頃，是中國至今留存的最完整的大型皇家園林。一九九八年頤和園被聯合國教科文組織列入世界遺產名錄。

一三六　頤和園東宮門

頤和園主要入口為東宮門，位於園的東北部，面朝東面的圓明園與暢春園等其他皇家園林。

一三七　仁壽門

頤和園全園分為『宮廷』和『苑林』兩個區域。宮廷區包括供皇帝臨朝聽政的仁壽殿建築群和皇帝、皇后、太后居住的建築群以及其他服務性用房。仁壽門為仁壽殿建築的大門，也是宮廷區的入口。門為牌樓式大門，雙柱一頂單開間，兩旁設磚雕影壁作陪襯。大門雙柱，前後皆設戧柱以加強門的穩定性。整座大門造型端莊，門內還立有太湖石作屏障。

一三八　仁壽殿

仁壽殿是皇帝在頤和園居住期間臨朝聽政的地方，所以大殿具有宮殿建築的規模，面闊達七開間，外加週圍廊，殿前設兩層臺基，臺基上陳列著香爐、麒麟、鳳凰、銅缸等擺設，殿前有仁壽門，兩旁設配殿，組成完整的建築群。但大殿不用琉璃瓦頂，殿前院中種植松、柏、海棠樹，並置湖石作點綴，又體現出園林環境的特點。

一三九　樂壽堂外觀

樂壽堂是清朝慈禧太后在頤和園的居住地。主殿樂壽堂，左右設配殿，前為臨湖的『水木自清』殿，殿前設月臺，臺上有高聳的掛燈桿，當年慈禧太后即由此月臺登船遊昆明湖。水木自清殿兩旁圍牆上開有形狀各異的小窗，稱為什錦窗，並列在粉牆上成為昆明湖上一景觀。

一四〇　樂壽堂內太后居室

這是慈禧太后在頤和園的居住卧室，室內家俱陳設仍保留著當年的舊貌。居室與外屋之間僅用雕花的罩相隔而不用封閉的隔牆和門。

一四一　樂壽堂東院垂花門

一四二　樂壽堂東院芍藥花

樂壽堂建築群東、西兩邊都用小院與其他建築相連。在東院有垂花門，門兩邊設花窗圍牆，牆前院內種植花木。春季有紫藤、芍藥，夏季有紫薇，使小院環境生機勃勃。

一四三　樂壽堂西院什錦窗

樂壽堂臨湖一面圍牆上開列的什錦花窗，有方形、圓形、套方形；有扇面、十字、書卷形，形象各異，生動活潑，不但在昆明湖上堪稱一景，而且在院內也成為觀賞湖山景色的窗口，使封閉的小院增添了生氣。

一四四　萬壽山與昆明湖

頤和園的苑林區主要由萬壽山與昆明湖組成。從景區上分，又可分為前山前湖和後山後湖兩個部份。前山即萬壽山的南坡，東西長約一千米，前湖即昆明湖，面積很大，湖中又築有長堤和幾處島嶼，湖在山之南，全區景域廣闊，佔地二百五十五公頃，為全園面積的五分之四。

一四五　萬壽山與昆明湖

經過宮廷區進入苑林區，眼前景觀豁然開朗，透過東岸上近處的古柏，可以望見昆明湖北岸的萬壽山和山上聳立的佛香閣。遠處的西堤和堤外的玉泉山、玉峰塔都歷歷在目，它們與昆明湖和萬壽山組成一幅園林勝景。

一四六　萬壽山前山全景

萬壽山前山東西長約一千米，南北深約一百二十米，山勢較陡。在這個區域裏共佈置有二十多處建築群和十多座單體建築。最主要的排雲殿、佛香閣建築群雄踞於前山的中央部位。整座前山與遠處的西山、玉泉山共同組成為壯麗的園林長卷，體現了一派皇家園林的宏偉氣勢。

一四七　暮色中的頤和園

夕陽西下，萬壽山與昆明湖籠罩在一片金黃的暮色之中。

一四八　邀月門

在頤和園萬壽山前山腳下築有一條長廊，它沿著昆明湖北岸，臨著湖水，自東往西。人行廊中既可雨天避雨，又可夏季遮日，向外可以觀賞湖光山色，向裏可以看到山前座座建築，是一條極佳的園林遊廊。邀月門為長廊東端的入口，垂花門形式，捲棚歇山式屋頂，開間較大，造型舒展大方。

一四九　長廊

長廊由二百七十三開間組成，共長七百二十八米，柱間均設坐櫈，以供遊人休息。柱上樑枋均繪有彩畫，內容為《水滸傳》、《三國演義》、《西遊記》等傳統故事和民間神話以及山水花木風景，題材多樣而豐富，人行其中，目迷五色，使長廊又成了一條畫廊。

一五〇　長廊留佳亭

在長廊東西兩段，各設置了兩座亭子，留佳亭為東段的第二座亭子。它們的作用既可作作為遊人的休息處，也打破了數百米長廊在景觀構圖上的單調。亭子平面為八角形、重簷攢尖屋頂，屋頂下樑架全部露明，樑枋上滿繪彩畫，組成為絢麗的藻井。

一五一　長廊外園路

長廊之外，沿著昆明湖濱，鋪設了一條園路，其走勢與長廊一致，路外面臨湖邊設有石造欄杆，遊人沿湖漫步，可以飽覽昆明湖景。

一五二　萬壽山下的四合院

在萬壽山前山腳下，安置有幾座四合院建築群，它們內部保持著一個寧靜的居住休閑環境，外部設垂花門和花窗圍牆，門前廣植花木，構成一組組可觀賞的景觀。

一五三　長廊內望佛香閣

沿長廊由東往西，接近萬壽山的中軸線，忽見佛香閣高聳於山坡之上。近處為四合院的花牆，遠處為八角形的高閣，組成一幅美麗的畫景。

一五四　排雲殿、佛香閣建築群

這是一組集宮殿與宗教兩種內容的龐大建築群體，它位於萬壽山的前山中央，依著山勢，自下而上，按中軸對稱有次序地排列著衆多建築。黄色琉璃瓦的座座屋頂，在滿山綠色樹叢的襯托下，富麗堂皇，顯得異常突出，成為整座園林風景的構圖中心，顯示出皇家園林特有的氣勢。

一五五　雲輝玉宇牌樓

在排雲殿、佛香閣建築群的最前方，臨著昆明湖濱，立着一座木牌樓，它是這一組建築群前端的標誌。牌樓為四柱三開間七屋頂形式，頂上覆蓋黄色琉璃瓦，樑枋斗栱上繪制彩畫，紅色立柱，青灰色夾桿石，造型華麗而有氣勢。取名為『雲輝玉宇』，形容這裏有華麗的宮殿與天上的彩雲相互輝映。

一五六　排雲殿與佛香閣

在萬壽山前山中央位置上，排雲殿在前，幾座殿堂依山坡的高低排列在中軸線上。佛香閣在後，八角形的四層高閣坐落在半山腰上用花崗石砌造的高臺上，臺高三十六米，加上閣本身高三十六米，使佛香閣更加高踞於衆建築之上，形象十分突出，成為整座頤和園的標誌。

一五七　衆香界牌樓和智慧海

在佛香閣北面的中軸線上，前後排列著衆香界牌樓和智慧海大殿。牌樓為磚造，外面包砌著琉璃磚瓦，所以通稱為琉璃牌樓，三開間上面有七個樓頂，用黃、綠二色琉璃拼出檁、枋、斗栱等木結構的形式，但卻比木牌樓更顯得富麗堂皇。衆香界為佛經中佛國之地名，在這裏用作牌樓題額，意味著經過牌樓就如同進入了佛國之境。

智慧海殿為清漪園時期原殿，全殿為石料築造，不用木料樑架，故稱為無樑殿。殿内供奉著無量壽佛，殿外全部用琉璃磚瓦拼砌，殿身上滿佈琉璃小佛像，屋頂正脊上用龍和人物作裝飾，還在脊的中央立起三座小喇嘛塔，使整座大殿外表十分華麗，它立於萬壽山山脊之上，成為佛香閣建築群的結束。一八六〇年英法聯軍焚燒清漪園時，因此殿為石構而未被火毀，但殿身上的佛像多被毀壞。

一五八　排雲殿俯視

排雲殿和佛香閣這一組建築群在清漪園時期原為大報恩延壽寺，是一組完整的佛教寺廟，依山勢建造在萬壽山的中軸位置上。一八六〇年英法聯軍燒毀清漪園，這座佛寺的木構殿堂蕩然無存。在一八八八年重建時將大報恩延壽寺的前半部改建為朝堂排雲殿，這是一組專為慈禧太后舉行『萬壽節』壽日慶典而修建的宮殿建築群。它由三進院落所組成，自南而北，由低到高，前後高差達十九米，所有建築物之間都有遊廊相聯貫，形成為一個整體。站在佛香閣上向南俯視，規整的排雲殿建築近在眼前；萬壽山下，昆水湖水碧波蕩漾；龍王廟與十七孔石橋輕浮湖面；遠處的農田房舍與藍天相連，一望無際，頤和園的景觀被無限地延伸了。

一五九　轉輪藏與湖山碑

在排雲殿、佛香閣的東面，有一組轉輪藏建築群處在萬壽山的半山腰上，這也是一組宗教建築。它由正殿和兩座配亭所組成，亭内有木製塔狀『轉輪藏』，内貯經文、佛像，供信徒轉動木塔可代替誦經。正殿與二配亭相圍成的庭院中心聳立著高大的湖山碑。碑正面刻有乾隆御書『萬壽山昆明湖』六字，背面刻有御製《萬壽山昆明湖記》的全文。整組建築依山勢安置在不同高度的平臺上，由低到高，由南而北，層層有臺階相連，佈局十分緊湊。

站在佛香閣平臺上俯視轉輪藏，近處為兩座配亭和湖山碑，遠處為前山蒼翠蓊鬱的林木，聳立於林間的樓館隱約可見。

一六〇　文昌閣、知春亭全景

一六一　文昌閣、知春亭冬日晨景

文昌閣是頤和園東堤北端的一座城關建築。在它的西北角，靠近昆明湖面有兩座小島，用小橋與東岸相連，島上築有知春亭。文昌閣與小島、亭和橋組成一個群體，是頤和園一處重要的風景點。由萬壽山頂俯視，早春四月，晨霧未散，綠柳如煙，顯出園林特有的嫵媚景色。冬季湖水成冰，文昌閣與知春亭在朝陽下又別有意境。

一六二　自萬壽山頂遠望西堤

昆明湖中的長堤是在興建清漪園時倣照杭州西湖的蘇堤而築造的。堤在昆明湖的西面，故又稱西堤，它將昆明湖面分隔成大小幾個水域，從而豐富了園林景觀。站在萬壽山頂上俯視，近處是聳立山石之上的擷秀亭，遠處為西堤橫卧湖面，大小水域與田野相連，無邊無際，視野無限開闊。

一六三　寶雲閣

寶雲閣也是一組佛教建築群，位於排雲殿、佛香閣的西面，在萬壽山的山腰上。正殿寶雲閣是一座重簷歇山頂的方形小殿，所有構件裝修全部用銅鑄造，所以又稱為銅亭。它坐落在高大的石造須彌座上，四週有配殿，四角又有角亭圍合成一個院落。除銅亭外，其他建築皆用綠色琉璃瓦頂、紅柱、紅牆，它和東面的轉輪藏一樣，成為排雲殿、佛香閣主建築的陪襯。站在萬壽山俯望寶雲閣，近處是緊湊的建築群體，中景有山腳下的亭臺樓閣和西堤、橋亭，遠處有玉泉山、玉峰寶塔，組成一幅宏麗的園林景觀。

一六四　萬壽山上敷華亭

敷華亭位於佛香閣東面的山石上，它與西面的擷秀亭都是在一八八八年重修頤和園時加建的。二亭聳立在黃石砌造的山石之上，對佛香閣起著很好的陪襯作用，同時也是觀賞前湖景色極佳的一處觀景點。

一六五　前湖春景

四月的頤和園，桃花盛開。從萬壽山頂俯視昆明湖水，衹見西堤輕浮水面，其近處為亭臺樓閣，遠處為水天一色，景觀無限遼闊。

一六六　昆明湖晨景

站在萬壽山下，昆明湖近處是位於湖濱的對鷗舫的屋角和石欄杆，遠處是東堤上的文昌閣和小島上知春亭的剪影。每當旭日東昇時，頤和園籠罩在一片金色晨霧之中。

一六七　南湖島遠望

站在知春亭中向南遠望，可以見到南湖島和遠處的西堤。南湖島位於昆明湖的中心偏近東堤。在清漪園建園之前，這裏原是萬壽山前湖東岸的龍王廟舊址，乾隆時興建清漪園開拓湖面時，把這座龍王廟保留在湖中，成為一個島嶼。島呈橢圓形，東西長約一百二十米，南北約一百〇五米，成為昆明湖中第一大島，它與湖中另外兩座小島——藻鑒堂和治鏡閣，合稱為湖中三島，象徵著海上三神山——蓬萊、方丈、瀛洲之古代傳說。

一六八　自萬壽山腰遠觀南湖島

南湖島由於位置顯要，無論從萬壽山頂、山腳，還是由西堤、東堤觀賞湖面風光，它都成為水面上重要的景點；同時，在南湖島上環顧四週，都有十分廣闊的視野，可以觀賞到遠近各處的山水景色。

一六九　自昆明湖濱魚藻軒遠望南湖島

一七〇　十七孔橋

在南湖島與東堤之間有一座石橋，因其有連續的十七個橋券洞而名為十七孔橋，在現存的古代園林中，它是體型最大的一座石橋。橋全長一百五十米，寬為八米，全部由石料築造，下為圓形拱券，上有石欄杆，欄杆兩邊的望柱頭上均有石雕獅子，數百隻大小獅子，神態各異，使碩大的石橋增添了不少生趣。

在十七孔橋的東頭岸邊有一座八角亭，名為廓如亭，它體型巨大，每年皇帝、帝后到南湖島遊賞、宴飲時，這裏成了大臣迎送和停放大轎的地方。

一七一　南湖島上涵虛堂

南湖島上有供奉龍王的祠院，有觀賞風景的樓閣，也有用作起居的四合院。其中以位於島北的涵虛堂規模較大，五開間的殿堂前帶有三開間的抱廈形成前後相連的兩座歇山式屋頂。整座殿堂建造在人工築造的高臺之上，居高臨下，緊貼湖面，島邊均有石欄杆相圍。涵虛堂既成為南湖島上重要景點建築，同時又是觀賞四週湖光山色的得景之所。

一七二　萬壽山西部建築景觀

萬壽山的前山，除了在中央部份建造了排雲殿、佛香閣等幾組重要的建築群以外，在前山的東、西部份也安置了若干組亭臺樓閣建築群。在前山的西部，先有臨湖的魚藻軒和軒後的山色湖光共同組成一條軸線。再往西，在萬壽山西南坡安排了一組畫中遊建築群，它由兩閣、兩樓的四幢建築與環廊、牌樓等組成，分為前後兩個層次，其中畫中遊和愛山樓、借秋樓居前，分別建造在不同高度的石臺上，不但可以觀賞到湖山之景，同時也成了萬壽山在西半部的重要點景建築。

一七三　畫中遊近景

畫中遊建築群中最主要和最大的一座建築就是這座八角形的畫中遊樓閣。它坐落在陡峭的山坡上，自下層可由山石開鑿成的臺階登至上層。閣兩旁還有兩座八角小亭作為主閣的陪襯，並用爬山廊與左右的愛山、借秋二樓相連。畫中遊四面敞開空透，不設門窗。伫立閣中，從東、南、西三面均可遠眺，近水遠山，堤島亭橋，深遠迷濛，以立柱橫楣欄杆為框，構成一幅幅圖畫，人們猶如置身畫境，因以取畫中遊為閣名。

一七四　荇橋

萬壽山西麓是昆明湖水域通向頤和園後湖的過渡部份，在山腳下，有一形狀如新月的長島『小西泠』橫臥在湖水中，長島與山腳隔著一道不寬的河道，荇橋就是連接這兩部份的水上的橋樑。橋位於長島的南頭，為石造平樑式。橋上建長方形的亭，重簷屋頂，在南北兩面的立柱間設坐櫈欄杆，可供來往行人休息觀景。

一七五　鏡橋

頤和園堤因倣杭州西湖蘇堤而建，因而也像蘇堤一樣，在堤上建造了六座小橋，鏡橋為其中之一。橋身矩形，在橋礅上架石樑構成橋洞以便遊船過往。橋上建八角形橋亭，其屋頂為重簷攢尖式，臨湖兩面的柱下設坐櫈欄杆可供行人休息。

一七六　練橋

練橋為頤和園西堤六橋之一，橋身為矩形，石樑平架，下為橋洞可通船隻。橋上建方形小亭，重簷攢尖式屋頂。從湖面觀賞，前為造型穩重的橋亭，後面襯托著遠山與玉峰塔影，景色如畫。

一七七　玉帶橋

玉帶橋為頤和園西堤六橋之一，全部由石料築造，呈圓形拱券，形如玉帶。橋上有乾隆所書對聯：『螺黛一痕平鋪明月鏡，虹光百尺橫映水晶簾』，生動地描繪了玉帶橋的形象。

一七八　自西堤東望萬壽山

萬壽山和山上的佛香閣成了頤和園景觀的標誌。站在西堤遠望，可以見到山和閣的側影。晨霧中，這組金碧輝煌的宮殿建築彷彿蒙上一層輕紗，融化於週圍環境之中，表現了山水園林特有的意境。

一七九　自藻鑒堂望萬壽山

藻鑒堂為昆明湖中小島，位於西堤之西的水域中。隔著西堤和堤上的練橋可以望見遠處的萬壽山，山上的排雲殿、佛香閣和兩邊的轉輪藏、寶雲閣亦隱約可辨，展示出一幅有層次的山水園林畫卷。

一八〇　夕佳樓前望玉泉山

玉泉山靜明園位於頤和園的西面，園中有香巖寺，寺中有玉峰塔雄踞於山峰之頂，形象十分突出而醒目。山與塔雖距頤和園有數里之遙，但卻成了園中十分難得的借景。佇立東岸夕佳樓前極目西望，玉泉山盡收眼前，塔影倒映湖中，此山此塔彷彿成為頤和園中的一個部份了。

一八一　夕陽下的玉泉山

頤和園玉瀾堂西面的二層樓所以取名『夕佳』，意思是可以觀賞夕陽佳景之樓。站在樓前西望，夕陽西下，玉泉山和玉峰塔影都籠罩在一片金色薄紗之中，景色極佳。

一八二　魚藻軒西望玉泉山景

在萬壽山前山腳下，自魚藻軒西望，近處的玉泉山、玉峰塔影和遠處的西山，它們和園內景物結合得渾然一體，從而使觀賞視野無限地擴大。

一八三　萬壽山腳下望西山

一八四　自西堤遠望西山

從頤和園總體佈局看，園的北部為萬壽山，東部為宮廷區，祇有西南兩面視野開闊，而其中西部因為有了玉泉山和西山因而使景觀更為豐富。不論是從東岸、萬壽山麓，還是昆明湖上或西邊長堤上西望，也無論是晴天還是陰天，玉泉山和其山上的玉峰塔影，同連綿的西山一道構成不同的畫面，它極大地延伸了觀賞視野，大大地豐富了頤和園的園林景觀。

一八五　長島西岸沿湖景觀

萬壽山西面長島的西岸，臨湖皆以白粉牆相圍，牆上飾以什錦窗。此外，還有幾處可以上下遊船的碼頭，這種帶田園式的佈局與頤和園西面的堤島煙樹相協調，組成一派具有江南園林風格的自然景色。

一八六　宿雲簷

宿雲簷位於萬壽山西北山腳之下，是由前山前湖通向後山後湖景區的關口，因此採用了城樓的形式。下面為磚築的城臺，臺下面有高大的券門供行人和車轎通行，兩旁有階梯直上城臺。城臺之上建有一座八角形亭式建築，它外貌似亭，週邊有八根簷柱，而在中央為實牆包圍的建築，四面各有一門可通室內，重簷八角攢尖屋頂，上下部份組成為一座頗為壯觀的城樓。

一八七　後湖景觀

一八八　後湖綺望軒和看雲起時遺址

一八九　從後湖仰望智慧海

經宿雲簷即進入後山後湖景區。後湖是一條在萬壽山後山腳下用人工挖掘出來的溪河，水面與山前昆明湖相通。這條溪河寬處有四十到五十米，窄處不足十米，從西而東，忽寬忽窄，組成為五個大小不同的小型湖面。後湖兩岸廣植林木，形成為一條兩山夾峙的河道。河道時而山窮水盡疑無路，時而柳暗花明又一村。座座寺廟和遊樂建築隱現於兩岸山林之中，它們組成後湖逸靜幽邃的特有景觀，與前山前湖的遼闊、開朗形成鮮明的對比。

一九〇　後湖買賣街

在後湖的中段有一條買賣街，這是倣照江南城鎮河上的商業街而在頤和園內建造的宮廷買賣街，東西長約二百七十米，沿河兩岸商鋪鱗次櫛比。每當皇帝巡遊，則商鋪開門，由宮人充當商賈，熱鬧一時。一八六〇年英法聯軍焚燒頤和園，買賣街全部被毀，祇剩下商店的石頭柱礎和沿河臺基了。

一九一　後湖三孔橋

後湖中軸線上，有一座石橋橫跨買賣街之上，它是頤和園北面宮門通向萬壽山的主要通道。橋下有三孔石券可通行船隻，故名三孔橋。

一九二　後山寅輝城關和石橋

寅輝為後山中段上的一座城關，在它的東面有一條自萬壽山北面通向後湖的小溝道，溝上架起一座單孔石橋。城關與石橋高踞於岸上，成為後湖沿岸的一處重要景點。

一九三　後湖買賣街東段景觀

買賣街東西二百二十米，在東段佈置了一個重點，這裏河面寬達四十五米，並且在水中還堆築了一個小島，用石拱橋與河岸相連。當年這裏四週店鋪林立，成了買賣街的中心熱鬧地段。

一九四　復建後的後湖買賣街東段

公元一九九〇年，根據買賣街商鋪原來的地基，按照清朝時期商店建築的常規形式，參照有關歷史檔案的記載，設計復建了後湖買賣街。這裏河街面最寬，四週商鋪林立。

一九五　後山須彌靈境全貌

在頤和園萬壽山北坡中央位置，有一組須彌靈境建築群，這是一座漢藏兩民族混合式的佛教寺廟。清乾隆皇帝為了從政治上團結蒙、藏兩民族的上層，特地在承德和頤和園內同時興建了兩座這樣的喇嘛廟以表示尊重少數民族的宗教信仰。

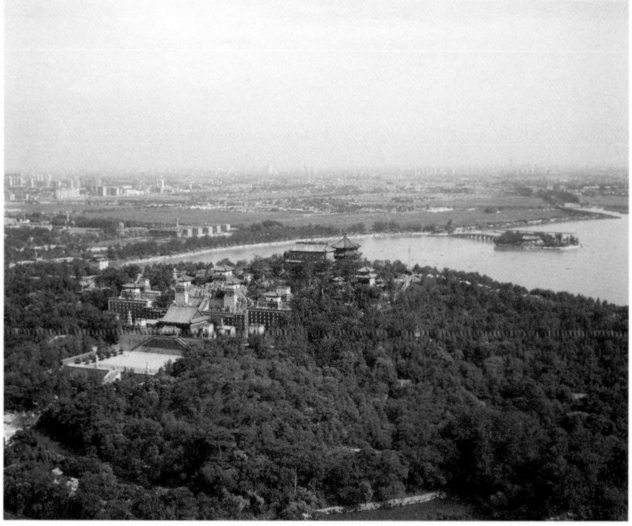

一九六　須彌靈境北立面

須彌靈境由漢、藏兩民族的建築形式混合組成，前部份為漢式，後部份為藏式。藏式部份是以西藏著名的喇嘛寺院——桑耶寺為藍本而設計興造的。前面漢式部份自一八六〇年被燒毀後除香巖宗印之閣外均未復建。須彌靈境位於後山山坡之上，依著山勢層層疊疊，它們和前山的智慧海組成一幅壯麗的寺廟畫卷。

一九七　須彌靈境北面牌樓

在萬壽山北麓臨河的第一層臺地，為須彌靈境寺廟的寺前廣場，在廣場東、西、北三面各有一座牌樓。這座朝北的木牌樓四柱三開間七樓頂，處在整座寺廟的中軸線上，面對著三洞橋，並與北宮門相通，它成為須彌靈境喇嘛廟的第一個標誌。

一九八　須彌靈境建築群

須彌靈境藏式部份的建築群是按照佛經中的『世界』形態佈置的，中央的香巖宗印之閣象徵著『世界』的中心須彌山，四週圍繞著象徵『四大部洲』和『八小部洲』的藏式碉房和小殿，它們以白色的牆身坐落在紅色的高臺上，加上各色琉璃的瓦頂和裝飾，組成一組具有西藏山地喇嘛寺院風格的建築群體。

一九九　須彌靈境近景

須彌靈境地處萬壽山後山，在這塊地段內，依山勢將殿堂、碉樓佈置在各層平臺之上，平臺上堆疊山石，蹬道盤曲，樹木穿插。那一座座白牆、紅臺、琉璃屋頂和紅綠寶塔，使佛寺與週圍山林風景緊密相聯為一體。

二〇〇　寅輝城關

萬壽山後山的中段部份，在湖上是買賣街，在山上則為須彌靈境寺廟建築群，一條貫通東西的山路就從寺廟前面的廣場横貫而過。寅輝就位於寺院的大道上，是一座城關式建築。城臺上東面題額為『寅輝』，即迎著黎明的朝暉之意；西面題額是『挹爽』，即挹來西風之爽。出城關往東又進入幽靜的山道。

二〇一　後山山道

萬壽山後山部份的東西交通有三條道路可行，一條位於山脊，一條位於後湖南岸沿湖，另一條位於山腰。這後一條山道不但通過須彌靈境寺廟，而且還分設小道通往散置後山各處的寺廟和遊樂建築，因此它是貫穿東西最主要的一條山路，兩旁古松聳立，山道隨著地勢上下曲折，形成為一個幽邃寧靜的山林環境。

二〇二　後山妙覺寺

這是一座小型佛寺，位於後山西段的北面山脊高處，在它的右前方就是嘉蔭軒建築群，由於位置較為顯著，成了後山這一地段的景點。

二〇三　花承閣

花承閣是後山東段山坡上的一座佛寺，全部建築都建在一個直徑約六十米的半月形高臺上，因此，它雖處於山林環境之中，但所成景觀比較顯著。現存的琉璃寶塔高十六米，更成了這一地段景觀的重點。塔為八角形三層，上下七重簷，外壁全部用黃、綠、藍諸色琉璃包砌，塔身上滿佈佛龕，塔刹上有銅制寶蓋，造型秀麗。在七層出簷的每個屋角下均懸掛著銅鈴，山風徐來，偶聞梵鈴之聲，更增添了佛國仙境的意味。

二〇四　諧趣園西宮門

諧趣園位於頤和園東北角，萬壽山的東麓。這是一座依照江南名園——無錫寄暢園而建造的一座小型園林，它自成一體成為大園中的小園。諧趣園中心為水池，環池建有亭、堂、樓、軒、榭等十多座建築，主要入口設在園的西南角，並與後山的主要山道相接。

二〇五　諧趣園東、北面景觀

諧趣園中的水池呈東西向的狹長形，因此從西宮門進園，首先能看到的是整座園林最深遠的景觀。近處的亭榭、遠處的殿堂廊屋，歷歷在目，這大大增加了這座小園的空間層次。

二〇六　諧趣園西、南面景觀

站在諧趣園北岸西望，可以看到西宮門和東岸上的亭榭。初春四月，柳芽發綠，諧趣園一片春意盎然。

二〇七　諧趣園的亭榭

諧趣園以水池為中心，四週散佈殿堂亭榭，這些建築大多以遊廊相接，並組成了環池的遊覽線路。四壁空敞的亭、榭和相互之間的空廊，使空間隔而不斷，人行其中，左曲右轉，景觀不斷得到變化。

二〇八　澄爽齋雪景

澄爽齋是位於諧趣園西岸的一座小殿堂，三開間，四週加圍廊，前有月臺突入池中，兩旁有空廊與左右建築相連，它是水池西岸的一處重要景點。

二〇九　知魚橋

二一〇　知魚橋下小水池

知魚橋是諧趣園東面的一處小景點。用石橋分隔出一個小水面，一邊是石橋，一邊為一面粉牆，牆上開漏窗，牆前設空廊，水中植荷蓮組成一處十分幽雅別致的小空間。『知魚』是戰國時期，莊子和惠子遊於濠梁之上的一個著名典故，據《莊子・秋水》篇記載：『莊子曰：「鯈魚出遊從容，是魚之樂也」，惠子曰：「子非魚，安知魚之樂」，莊子曰：「子非我，安知我不知魚之樂」』。莊子主張清靜無為，且好遊樂於清泉之地，這種意境常為造園家所追求。

中國美術分類全集

中國建築藝術全集

第17卷 皇家園林

图书在版编目（CIP）数据

中國建築藝術全集 (17) 皇家園林 / 周維權，樓慶西著. —北京：中國建築工業出版社，1999

（中國美術分類全集）

ISBN 7-112-03905-3

I. 中⋯ Ⅱ.①周⋯ ②樓⋯ Ⅲ. 園林，皇家 Ⅳ. TU-986.5

中國版本圖書館CIP數据核字 (1999) 第10383號

中國建築藝術全集編輯委員會 編

本卷主編 周維權 樓慶西

出版者 中國建築工業出版社（北京百萬莊）

責任編輯 王伯揚 吳宇江

總體設計 雲鶴

本卷設計 王晨 童俊杰 顧咏梅

印製總監 楊一貴

製版者 北京利豐雅高長城製版中心

印刷者 利豐雅高印刷（深圳）有限公司

發行者 中國建築工業出版社

一九九九年五月 第一版 第一次印刷

書號 ISBN 7-112-03905-3 / TU·3038(9048)

（京）新登字〇三五號

國內版定價三五〇圓